零起点韩版视频授课 DIY 教程

最亲切的家居拼布

（韩）金润敬　宋喜琼　安世兰　李贞实　丁珉子　著

韩　雷　译

U0293342

河南科学技术出版社

· 郑州 ·

作者的话

金润敬

一边做着针线活儿一边学习人生。太紧张了不行，太松弛了也不行，需要按照一个针脚一个针脚来。做着针线活儿，又一次迎来了秋天。虽然是没有什么新鲜事儿发生的秋天，但不管什么时候我的身边总是会有针线陪伴。我沉浸于其中幸福不已。我要感谢为了守护我的幸福，即使生病也忍耐着，不管任何时候都是我的坚强后盾的丈夫英旭，我的孩子贤谦、逸谦和我的其他家人。还要感谢在摄影方面给予我许多帮助的郑恩静。

宋喜琼

我是特别喜欢拼布的大嫂。毛毯可以给予我们的身体以温暖，拼布可以给予我们的灵魂以温暖。因为喜欢温暖又柔软的针线感觉而开始，又结出了这样的小小果实。和大家一起分享温暖，为了给大家些许帮助，每一个针脚都是无比珍贵的工作。在这里，感谢在我和许多老师们一起工作的期间，家里即使是灰尘满屋也忍受下来的丈夫和丽娜、英一。

履历

取得拼布作家协会讲师资格
获得首尔国际拼布节企业奖
获得第二次全国拼布比赛传统部门一等奖
获得第二次全国拼布比赛日本作家一等奖
作品入选拼布包节特选
完成淑明女大拼布专家级课程
取得淑明女大拼布专业讲师资格
取得由日本文部科学省许可的日本女子文化协会拼布讲师资格
取得 CQA（韩国拼布联合会）手工拼布讲师一级资格
获得日本横滨拼布比赛企业奖
作品多次在中国、日本拼布展示会展出
作品曾参加仁川学生文化教育会馆招待展
作品曾数次参加淑明女大定期展
作品曾数次参加想得到的礼物展
作品曾参加画廊"包友"招待展的"金润敬拼布展"个人展
曾任仁川中区女性会员讲师
曾任仁川山石文化中心讲师
运营"拼布工房（镇针线风景）"网站

履历

取得由日本文部科学省许可的日本女子文化协会拼布讲师资格
完成淑明女大拼布专家级课程
取得淑明女大拼布专业讲师资格
作品入选首尔国际拼布节特选
作品曾参加韩日友好展
获得富川韩国文样工艺大展奖
作品曾数次参加淑明女大定期展
作品曾数次参加富川拼布展
作品曾数次参加想得到的礼物展
开办 cecil quilt 教室
曾任富川女性青少年中心拼布讲师
曾任索砂洞居民自治中心讲师
运营"cecil quilt"网站

安世兰

作为热爱拼布的人，用心创作在日常生活中能起到潜移默化作用的实用拼布的全新题材，小心翼翼地期待着它能更加亲近人们，得到更多人的喜爱而成长。

李贞实

可以说是在不知所做为何的情况下结出了果实，所以直到现在才有了应该可以做得更好的迟来的后悔。感谢亲爱的家人和独一无二的姐姐的帮助，还有即使我做错了也会给予我谅解的 turningpoint 大家族、拼布 feel 家族，以及在彼此都困难的情况下伸出援助之手的同事们。真心感谢在非常时期，让我再次想起拼布的金老师。还要谢谢艺珍、艺怜。

履历

作品曾参加室内装饰个人展 3 次
作品曾参加 J 拼布会员展
作品曾参加光州现代百货店招待展
作品曾参加 2004 中国上海拼布节招待展
作品曾参加日本横滨拼布 2009 展示会并获企业奖
曾在现代百货店富平店文化中心授课
曾在现代百货店光州店文化中心授课
曾在新世界百货店光州店文化中心授课
举办过企业及高校 CA 班拼布讲座
出演 KBS, 光州 CBS 趣味讲座
出任国际文化协会拼布会会长
取得由日本文部科学省许可的日本女子文化协会拼布讲师资格
出任韩国花·气·艺开发协会拼布会会长
出任 J 拼布会会长
运营"Enjoy 拼布"网站

赞助广告

KBS 周末剧《我的爱是谁》
KBS 水木剧《迷迭香》
KBS 日日剧《百万朵玫瑰》
KBS 水木剧《四月之吻》
KBS 周末剧《再见了，悲伤》
MBC 水木剧《你是谁？》
MBC 水木剧《Triple》

履历

取得国家公认允手艺学院教师资格
作品曾在韩国拼布艺术展的正堂展示
作品曾参加日本佐贺县韩日女性交流展
作品曾参加韩国机器拼布作家展
作品曾参加韩日交流展（首尔美术馆）
作品曾参加拼布节 IN 岩手展示（日本盛冈市）
作品曾在东京国际拼布节获奖（创作类入选展示）
作品曾参加韩日交流展（日本文化院）
取得由日本文部科学省许可的日本女子文化协会拼布讲师资格
曾任中学 CA 讲师
运营"拼布 feel"网站

丁珉子

痴迷针线已经有 10 年了。不知不觉针线已经成了我生活下去的动力。10 年的经历和开拓让我有了自信，但是回头看看，发觉自己现在只是站在了出发点上。这次的制作成了回顾我自身的一个契机。做着针线过日子，虽然经常会废寝忘食，旁边有为我担心、帮助我的妈妈，还是很幸福的。感谢给予我许多帮助的各位作者，我的妈妈、弟弟以及其他的家人。还要特别感谢 turningpoint 出版社。

履历

2001 年开始在商行文化中心中继站授拼布课

在 Savezone 中东店文化中心授拼布课

2001 年在商行文化中心九老店授拼布课

2001 年在商行文化中心富平店授拼布课

在一山枫洞自治中心授拼布课

取得由日本文部科学省许可的日本女子文化协会拼布讲师资格

温暖的拼布世界

虽然已是十几年前的事了，
但初次拿针的激动心情现在还历历在目。

时间如梭，
在这个只要很短时间就能做出很多个包或很多
床被子的时代，
一个针脚一个针脚进行缝纫的针线活儿似乎和
世界的速度相差甚远，
不知道是不是该将它看作令人焦急的事情。
但是想想那些接受了拼布并高兴的人，
因为做针线活儿而连续几天熬夜也是常有的事。

拼布，
即使使用同样的布料和图案进行缝纫，
却因为有着各不相同的样子和真诚，
而成为这世界上独一无二的物品。

虽然制作过程很是缓慢，
但是却给予我幸福的拼布，
不管是谁都能给予感动的拼布，
今年冬天，
请在只是想想都能感到温暖的拼布中，
感受幸福和安宁。

拼布的保存和洗涤

首先应该了解材料。如果是丝绸或羊毛则一定要进行干洗。即使是能水洗的包包也要将皮制的配件（绳、皮质搭扣等）摘除后进行清洗。

在温水中放入中性洗涤剂或羊毛洗涤液，进行手洗。壁饰等大物件，在清洗时会非常重，如果只抓住一个地方拎起来的话，绗缝部分可能会裂开，这一点要注意。

洗过的拼布要用弱档甩干，轻轻地拉一拉横纹、竖纹、斜纹，将其整齐展开，放在通风良好的地方，进行晾干。

拼布不要熨烫，应该放在纸包中，放置在通风良好的地方进行保管。

目录

Contents

100% 活用本书 DVD 视频.............. 10
100% 活用本书......................... 12
材料.................................. 14

第 1 部分　拼布基础

01　拼布用语......................... 20
02　图案绘制和布料裁剪.............. 22
03　活用拼布用尺.................... 22
04　缝法............................ 23
05　绣法............................ 26
06　布块的拼接...................... 29
07　贴布的制作...................... 32
08　疏缝............................ 33
09　滚边条的拼接和滚边.............. 34
10　底部的制作...................... 37
11　包扣的制作...................... 37

第 2 部分　拼布初体验

01　阿加莎狗狗手机挂坠.............. 40
02　条纹卡包........................ 44
03　蝴蝶钥匙包...................... 48
04　风车化妆包...................... 54
05　向日葵短款钱包.................. 60

第 3 部分　居家用品

06　波尔卡圆点套鞋.................. 70
07　面巾纸盒........................ 74
08　房屋时钟........................ 75
09　厨房记事挂袋.................... 80
10　刺绣拼布壁挂.................... 84
11　茶杯垫和垫子.................... 86
12　围裙和厨房手套.................. 87
13　拖鞋和垫子...................... 96
14　篮子抱枕........................ 100

15 德累斯顿抱枕 104
16 柠檬之星抱枕 105
17 扇子抱枕 110

第 4 部分 实用包袋

18 交通卡包 116
19 手机套 120
20 零钱口金包 124
21 向日葵眼镜袋 125
22 猫咪弹片口金包 130
23 波尔卡圆点日记本套 134
24 任天堂游戏机包 135
25 拉绳针线口袋 140
26 蝙蝠存折包 144
27 青蛙笔袋 145
28 ABC 笔袋 152
29 疯狂拼布长款钱包 156
30 小木屋包 160
31 迷你花包 166

改良故事一
利用边角布料制作针插 169

第 5 部分 暖心礼物

32 花样头花 172
33 人偶发卡 173
34 心形 welcome 布圈 178
35 东洋式葡萄酒瓶套 182
36 圣诞节葡萄酒瓶套 183
37 礼物用生子禁绳 188

改良故事二
利用纸板制作熨烫板 191

第 6 部分 时尚服饰

38 花样胸花 194
39 花蕾帽子 195
40 小木屋马甲 200
41 毛织拼布马甲 201
42 单色围巾 210
43 yo-yo 围巾 211

图片目录

Image Contents

第 2 部分　拼布初体验

阿加莎狗狗手机挂坠 40　条纹卡包 44　蝴蝶钥匙包 48　风车化妆包 54　向日葵短款钱包 60

第 3 部分　居家用品

波尔卡圆点套鞋 70　面巾纸盒 74

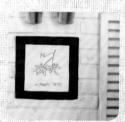

房屋时钟 75　厨房记事挂袋 80　刺绣拼布壁挂 84　茶杯垫和垫子 86　围裙和厨房手套 87

拖鞋和垫子 96　篮子抱枕 100　德累斯顿抱枕 104　柠檬之星抱枕 105　扇子抱枕 110

第 4 部分
实用包袋

交通卡包 116　手机套 120　零钱口金包 124　向日葵眼镜袋 125

猫咪弹片口金包 130

波尔卡圆点日记本套 134

任天堂游戏机包 135

拉绳针线口袋 140

蝙蝠存折包 144

青蛙笔袋 145

ABC 笔袋 152

疯狂拼布长款钱包 156

小木屋包 160

迷你花包 166

第 5 部分　暖心礼物

花样头花 172

人偶发卡 173

心形 welcome 布圈 178

东洋式葡萄酒瓶套 182

圣诞节葡萄酒瓶套 183

礼物用生子禁绳 188

第 6 部分　时尚服饰

花样胸花 194

花蕾帽子 195

小木屋马甲 200

毛织拼布马甲 201

单色围巾 210

yo-yo 围巾 211

100% 活用本书 DVD 视频

为了让大家独自一人也能利用各种色彩和花纹的布料制作出拼布作品，本书提供了 DVD 授课视频。读者朋友如对书中内容有不理解的地方，可参照 DVD 视频，这样的话即使一个人也能制作出多种多样的拼布作品。

DVD 视频课程窗口的使用方法

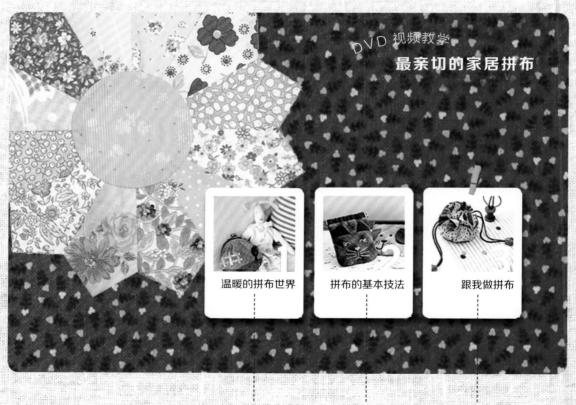

此书中收录的所有内容，如照片、插画材料、附带 DVD 影像等，著作权归本书所有，禁止未经允许的复制、传播行为。

❶ 温暖的拼布世界
介绍拼布和制作拼布时需要的物件。

❷ 拼布的基本技法
介绍拼布的基本技法，选择你想看的。

❸ 跟我做拼布
介绍第 2 部分中作品的制作方法，选择你想看的。

观看 DVD 视频

温暖的拼布世界

❶ 拼布初体验
❷ 材料和工具介绍

选择此处回到主页

拼布的基本技法

❶ 图案绘制和布料裁剪
❷ 活用拼布用尺
❸ 平针缝
❹ 半回针缝
❺ 回针缝
❻ 卷针缝
❼ 藏针缝
❽ 滚边条的拼接和滚边

跟我做拼布

❶ 阿加莎狗狗手机挂坠
❷ 条纹卡包
❸ 蝴蝶钥匙包
❹ 风车化妆包
❺ 向日葵短款钱包

100% 活用本书

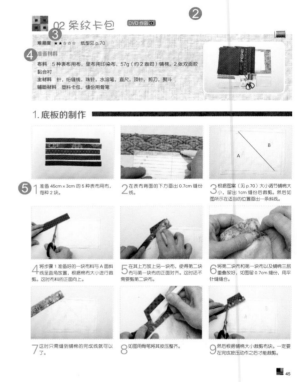

❶ **DIY 作品：** 书中作品的成品图片。

❷ **DVD 视频授课：** 在提供的 DVD 中大约有 100 分钟的视频授课。可以利用电脑或电视进行观看。有
DVD 标示的作品，参考视频会更容易理解其制作过程。

❸ **难易度：** 用星星的颗数的多少来表示制作作品的难易度。星星的颗数越多，表示难度越大。

❹ **准备材料：** 介绍制作时需要的材料和辅助材料。

❺ **制作过程：** 详细介绍制作过程的各步骤。

10 将其余布料外侧对齐重叠叠后，重复前面的动作。

11 同样地在完成按压动作后，根据铺棉大小裁剪布块。

12 将A面的布料按照顺序排满后进行缝纫。

13 将表布的一块长布，沿料线放上去，盖住A面所有布料的缝份。

14 进行平针缝，一直缝到铺棉的完成线位置。

15 用骨笔将其压平。

16 将B面用如前所示方法全面排满后，将反面的铺棉缝份剪掉。

2. 制作口袋，完成作品

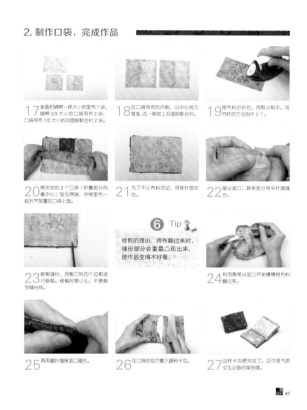

17 准备和铺棉一样大小的里布1块，铺棉2/3大小的口袋布2块，口袋布1/2大小的双面胶配衬2块。

18 在口袋布的内侧，以中心线为基准，在一侧放上双面胶配合。

19 将布料对折后，用熨斗熨平。用同样的方法制作2个。

20 将完成的2个口袋（折叠部分向着中心）放在两端，并将里布一起对齐放置在口袋表面上。

21 为了不让布料活动，用珠针固定住。

22 留出返口，其余部分用平针缝合。

23 修剪缝份，用剪刀对四个边都进行修剪。修剪时要小心，不要剪到缝份线。

⑥ Tip
修剪的理由：将布翻过来时，缝份部分会重叠凸现出来，使作品变得不好看。

24 利用骨笔从返口开始慢慢将布料翻过来。

25 再用藏针缝将返口缝合。

26 在口袋的地方塞入塑料卡包。

27 这样卡包便完成了。这可是气质女生必备的单品哦。

⑥**Tip:** 介绍作者的实践经验和心得。

通过网络提供持续服务

如果您有任何与本书相关疑问，请登录 www.diytp.com 进行咨询。我们会通过网页持续提供您需要的材料和信息。

我引以为傲的作品

诚邀您加入我们，成为我们的会员。您可以把自己参考本书创作作品的过程或者是小插曲、成品，抑或是自己的原创作品通过 www.diytp.com 进行介绍和分享。我们还会选出优秀会员给予奖励。

材料

布料

制作拼布时一般使用 30 ～ 40 支数 100% 棉布。

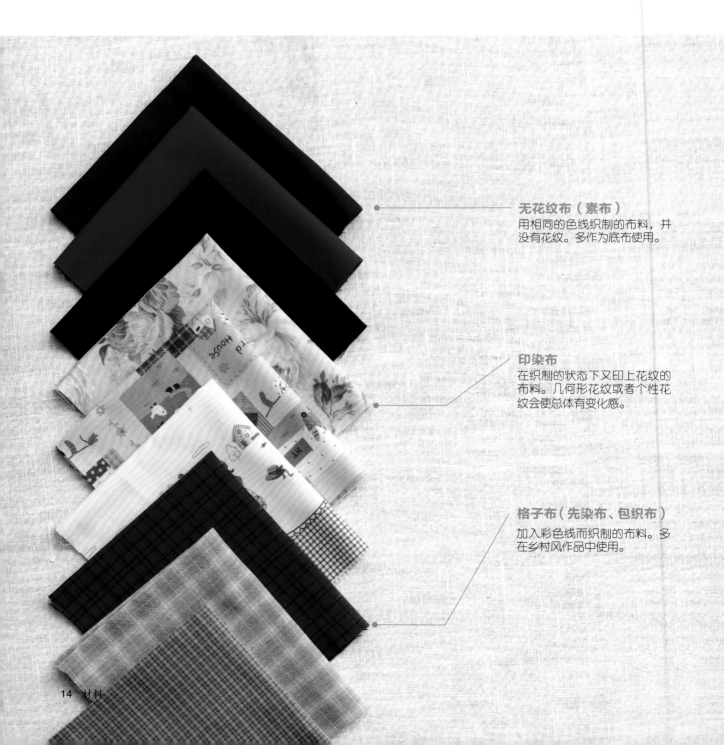

无花纹布（素布）
用相同的色线织制的布料，并没有花纹。多作为底布使用。

印染布
在织制的状态下又印上花纹的布料。几何形花纹或者个性花纹会使总体有变化感。

格子布（先染布、包织布）
加入彩色线而织制的布料。多在乡村风作品中使用。

线

贴布用线

在贴布时使用的线。比绗缝线细软。请使用与贴布布料颜色相近的线。

金丝

装饰用绗缝线。

绗缝线（压缝线）

绗缝时使用的线。制作时在棉花中混入了涤纶，所以即使只有一根线也是够结实的。

彩色绣线

装饰用绗缝线。

绣线

主要在缝纫时使用，具有很强的装饰效果。

疏缝线

疏缝时使用的线。

铺棉 ─── **拼布用铺棉**　和布料一样有黏附性和伸缩性。

　　　　　── **胶面铺棉**　在铺棉的一面或双面涂了胶的铺棉。放在布料上用熨斗可以使其粘贴到布料上。

　　　　　── **华夫棉**　有很强的复原能力，在壁挂、包包、小物品中可广泛使用。

　　　　　── **衣类用棉**　在穿着和保温方面功能良好的铺棉，是常在马甲和夹克中使用的铺棉。

针　拼布用针（8号）主要在拼接布块时使用。绗缝用针（9~12号）主要在绗缝时使用。除此之外还有贴布用针和疏缝用针。

笔　绘制拼布图样或贴布图样时使用水溶笔，绘制绗缝线时使用 2B 型铅笔。油性笔因其笔迹不能除去，所以在绘制大写字母或者人偶的眼睛时是极佳选择。

顶针　顶针的种类有很多。铁顶针和皮制顶针主要是推针时使用。高帽顶针有拉针的效果。雨帽顶针在调整绗缝布料底部针脚时使用。各种顶针都有保护手的作用。

拼布用尺　标有常使用的单位、缝份和角度，在制图时非常方便。

剪刀　根据用途进行分类，有剪线头用剪刀、贴布用剪刀、拼布用剪刀等。根据用途不同，剪刀的大小和设计都不一样。

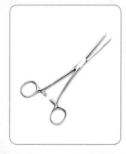

珠针　在疏缝和固定布料时使用。

剪线头用剪刀　在剪线头时使用。

返里钳　通过返口进行翻布或往人偶身体里塞填充棉时使用。

图案板　在绘制绗缝线时很方便。

水溶性复写纸　作为绘制底布图案的工具，和复写纸使用方法相同。在水溶性复写纸上写的字遇水会消失。

骨笔（按压笔） 有折叠缝份时使用的缝份用骨笔和沿着贴布线按压痕迹画时用的贴布用骨笔。

拆线器 可以在不损伤布料的情况下进行拆线。

包扣 用布料包起来作为装饰用的纽扣。

磁扣 用在包包或小物件连接部分。类型和颜色有很多种。

装饰用纽扣 安上符合作品设计的纽扣，会有画龙点睛的效果。

拉链 一般是在钱包或化妆包这类小物品中使用。有从5cm到10cm的各种长度。

提手 根据类型进行选择。有皮制、木制、棉制等各种材质。

口金 制作零钱包等时的常用配件。

弹片口金 在眼镜包、零钱包等中有多种用途的常用配件。

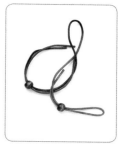

松紧绳 作为小物品的绳圈或者装饰用的绳子用。

钥匙扣 在钥匙圈作品中使用的辅助材料。

塑料卡包 可以一次保管多张存折和卡。

熨斗 因为布料较小，所以使用这种拼布用小熨斗会更加便利。

拼布基础

第 1 部分

01 拼布用语　02 图案绘制和布料裁剪
03 活用拼布用尺　04 缝法
05 绣法　06 布块的拼接　07 贴布的制作
08 疏缝　09 滚边条的拼接和滚边
10 底部的制作　11 包扣的制作

01 拼布用语

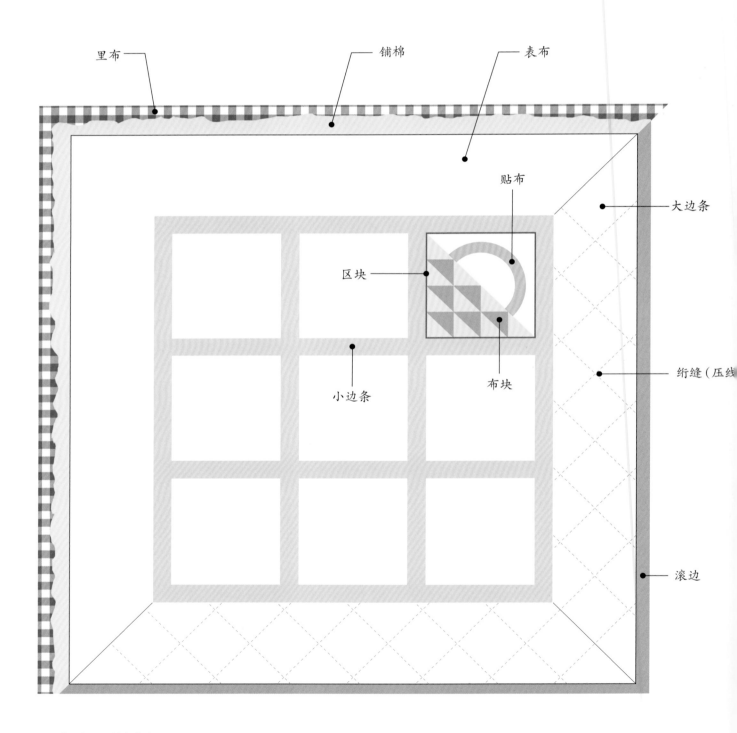

里布 —

铺棉 —

表布 —

贴布

大边条

区块 —

绗缝（压线

小边条

布块

滚边

拼被（Quilt）
将表布、铺棉、里布按照顺序缝合起来的方法，有时也指完成的作品。

布纹
横纹（线条走向为横向 ←→，有少许弹性），纵纹（线条走向为纵向 ↕，完全没有弹性），斜纹（线条走向为斜线方向 ╳，有较大弹性）。

拼接（Patch Work）
亦称拼布，是指将布块缝合连接起来。其中，进行拼接工作做出的一块图案叫作区块（block）。为了不伤着手，可使用顶针，间隔0.2cm进行拼接，这样取得的缝纫效果是最好的。一般先从小布块的拼接开始，再到大布块的拼接。

贴布（Applique）
是指在底布上用藏针缝缝上其他布料的工作。

小边条（Lattice）
是指将区块和区块连接起来的布。

大边条（Border）
是指连接在小边条周边的较宽的布。

表布（Quilt Top）
是指将图案、小边条、大边条等连接起来的已完成的表层布。

疏缝（Basting）
为了不让里布上层的铺棉、表布歪斜，将布料展开后从中心位置开始往外用大针脚进行的缝纫。一般滚边布料使用较多时，呈棋盘状进行缝制；使用很多小布块时，依对角线方向进行细致缝制。

绗缝（Quilting）
是指将完成的表布、铺棉、里布按照拼缝线进行缝制。从作品的中心开始，一般用大针脚一次做完。

滚边（Binding）
是指用滚边条所做的最后修饰边缘的工作。

02 图案绘制和布料裁剪

1 准备好画有图案的纸张和裁剪用的布料。

2 根据画出的线来裁剪纸型。

3 当纸型图案是非对称图案时，一定要在布料的背面将纸型反过来绘制其图案。

4 画出图案的完成线。

5 在距离画出的图案边缘线 0.7cm 的刻度上画出缝份线。

6 内侧的是完成线，外侧的是缝份线。

7 按缝份线进行裁剪。

8 图案准备完成。

03 活用拼布用尺

直尺可以不仅在绘制裁剪线时使用，也可在绘制相同宽度的拼缝线时用。

1 在布料长边上标出与短边相同长度的位置，将短边的角和其所对长边上的标示点连接，画出对角线。

2 在相反的方向上，用同种方法绘制另一条对角线。

3 在画好的对角线上，根据想要的宽度，对准刻度线画出其他线。

4 对准相同宽度的刻度，反复进行绘制。

5 另一个方向也用相同的方法绘制。

6 1.5cm 间隔的纫缝线便绘制好了。

 缝法

藏线结（在表布上藏线结）

1 在表布上缝一个针脚后，把针穿进想要缝的位置。

2 轻轻地拉出线，就能藏住线结了。

藏线结（在里布上藏线结）

1 将针穿入要进行缝制的里布上。

2 只轻轻提起有线结的里布。

3 将线轻轻拉出，里布上的线结就能往里藏了。

平针缝

1 在开始要缝纫的地方，将针穿过两层布料。

2 将穿过的针在下一个针脚的前面扎出。

3 隔出一定的间隔，针脚从布料的上到下，再到上继续移动。

4 要尽量将上层布料和下层布料以相同的间隔进行缝制，一次可以先连续缝三四个针脚后再抽出针、线。

5 这是完成后的正面的样子。缝制后布料的正面和反面的针线样子是相同的。

半回针缝

 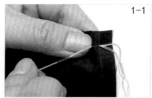  

1 在要开始缝纫的地方，按照一定的间隔将两层布料一次穿透，然后拉出线。

2 在穿入针和穿出针的中间部位，再穿入针。

3 在下一个针脚穿出针后，拉出线。

4 再次用半个针脚往回走，并重复。

5 完成半回针缝后正面的样子。

6 完成半回针缝后背面的样子。

回针缝

1 在要开始缝纫的地方，将两层布料一次穿透，然后拉出线。

2 下一个针脚往回走，在前一个针脚入针的地方穿入针。

3 然后往前走两个针脚的距离。

4 再往后退一个针脚，在前一个针脚入针的位置穿入针。

5 在往前两个针脚长的位置处穿出针，按此方法重复缝制。

6 完成回针缝后正面的样子。

7 完成回针缝后背面的样子。

卷针缝

1 在距离边缘 1cm 的位置穿入针。

2 拉出线后，藏起线结。

3 让针同时穿过相对的两边的布料，此为一个针脚。

4 下一个针脚往前走，再次让针穿过相对的两边的布料。

5 用相同的方法，密密地进行缝制就可以了。

藏针缝

1 将针从布料的内侧，在要进行缝纫的位置穿入。

2 将线结藏在内侧。

3 拉出线，在对面布料的相对位置缝一个针脚，针从本侧布料前方穿出。

4 再次在对面布料的相对位置上缝一个针脚。

5 继续用同样的方法在对面布料上缝一个针脚。

6 为了不让线被看到，要时不时地把线拉紧一下，再进行缝纫。

⑤ 绣法

人字绣（千鸟绣）

1 从布料的背面插入针，然后开始绣。从左往右呈人字形绣。

2 向着上面的布料，往右上方倾斜入针（针脚较大），从上方左侧出针（针脚较小）。

3 向着下面的布料，往右下方入针，并从左侧出针，做成一个三角形。

4 利用相同的方法，将上下的布料连起来。

飞鸟绣

1 从布料的背面插入针后，开始绣。飞鸟绣是从上往下进行的一种绣法。

2 以布块连接线为中心，一只手扯住线往下拉，使线呈 V 字形，另一只手拿针，在与第一个针脚的位置水平的地方入针。

3 在 V 字形顶点的位置出针。这个时候一定要让线往下走。

4 将线抽出来后轻轻拉一下，就能做出和图中一样的形状了。

5 在 V 字形顶点位置的水平方向的右侧入针，用相同的方法绣。

6 这次用相同方法在左侧绣。

7 用相同的方法，在左侧和右侧交替绣。

雏菊绣

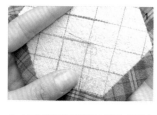  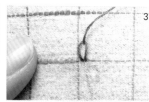

雏菊绣主要在绣花朵时使用。

1 从布料背面将针插入后从正面出针，再在此处入针。

2 拉住线，使其呈椭圆形，在椭圆形的中间位置如图所示绣一个针脚。

3 将线抽出后可以看到，有一个花瓣形状出现。

4 在花瓣上部出针处入针，绣一个针脚后从花芯处出针。这样的话，又做了一个花瓣。

5 用相同的方法，在下一个花瓣图样上绣一个花瓣。

6 用相同的方法，根据下方的图案，做出花瓣，就完成了。

法式结粒绣（法国结粒绣）

在绣花药、果实的种子及小花时使用。

1 将针从布料背面穿出。

2 把针压在线上，然后用线围着针缠两三圈。

3 拉紧线以使针紧贴布料。

4 为了不让缠在针上的线松开，用手压住线，然后将针往外抽出。

5 向出针处旁边插入针，以固定这个针脚。

6 这样就完成了一个结粒。

7 用相同的方法再做出几个来装饰花芯。

轮廓绣

1 将针从布料背面穿出。

2 根据布料的图案，往前走一个针脚，将针插入。

3 然后往后走半个针脚，将针穿出。

4 用同样的方法，往前走一个针脚将针插入，再往后走半个针脚将针抽出。

5 根据图样，反复走针。

6 依次进行雏菊绣、法式结粒绣和轮廓绣后，一朵花便完成了。

06 布块的拼接

正方形布块的拼接

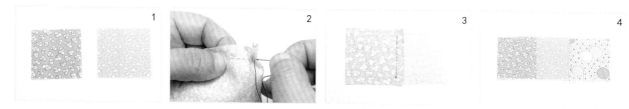

1 准备裁剪好的正方形布块。裁剪时留出 0.7cm 的缝份。

2 将 2 块布块表面相对并对齐，沿着完成线用针缝合。缝合时不要超过缝份线。

3 要让缝合的缝份都统一倒向同一侧。

4 用相同的方法，将裁剪好的其他布块正面相对后缝合。

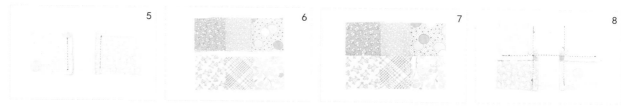

5 将布料如图所示摆放。

6 每 3 块布料相连接做成一个大布块。做好 2 个大布块备用。

7 用同样的方法，将大布块正面相对后用针沿着完成线缝合。

8 将缝份如图所示整理成风车的样子，这样缝份聚集的地方就不会太厚了。

等腰直角三角形布块的拼接

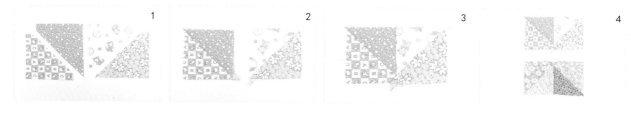

1 准备好裁剪成等腰直角三角形的布块。裁剪时留出 0.7cm 缝份。

2 首先将 2 块小的布块正面相对并对齐，用针将三角形的斜边缝合。缝合时不要超过缝份线。

3 将拼接好的 2 块布块的正面再次相对并对齐后，用针线缝合。

4 用相同的方法，准备 2 块拼接好的布块。

5 将 2 块拼接好的布块正面相对并对齐后用针缝合。缝纫时要用针将上下两层布料穿透，且不能将缝份部分缝合。

6 中间缝在一起的缝份倒向同一个方向，将中间部位缝份聚集的地方整理成风车的模样。

7 熨烫布料的正面。将缝份熨烫平整。

等腰三角形布块的拼接

1 准备好裁剪成等腰三角形的布块。

2 从小的布块开始，将布块正面相对并对齐叠起来，用针缝合，不要缝到缝份。

3 背面的布块也用相同的方法，将正面相对并对齐叠起来进行缝纫。要将缝份倒向一侧整理压平。

4 用同样的方法准备多个拼接好的等腰三角形布块。

5 将每个布块正面相对并对齐后再用针缝合。

6 所有的缝份要倒向一侧。

六边形布块的拼接

1 准备裁剪好的六边形布块。

2 将布块正面相对并对齐叠起来，只将一边用针缝合。不要缝到缝份。

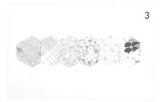   

3 将裁剪好的六边形布块用相同的方法，只缝一边，做出一个长条来。

4 准备 2 条这样拼接好的长条。

5 将做好的长条锯齿与锯齿对齐，然后缝合。

6 将背面的缝份整理成风车的样子，再用熨斗熨平。

长宽比为 1：2 的长方形布块的拼接

1 准备好裁剪成长方形的布块。

2 如图所示，将布块正面相对并对齐后缝合，不要缝到缝份。

3 将裁成同样大小的布块如图所示放置。

4 将拼接好的布块正面相对并对齐，沿着完成线进行缝纫。

5 如图所示，将另一块布块缝好。

6 用同样的方法，做出一长条拼接好的布块。

7 做好的 2 大块布块如图所示。

8 如图 7 所示，将做好的布条边与边对齐，用珠针固定后缝起来。这时同样不要缝到缝份。

9 不要断线，在缝纫连接后，将另一侧的边与边对齐缝好。

10 这样 2 个长条布块就连成一个整体了。

11 背面的缝份如图所示用熨斗熨平。

贴布的制作

1 将心形依据纸型画在布料的正面后，留出缝份，裁剪。

2 在心形凹进去的地方，留出距离完成线大约 0.1cm 的缝份，用剪刀修剪。

3 从剪刀修剪的地方开始，沿着缝份中心的地方开始进行平针缝。

4 在心形凸出来的地方插入针。这样心形的末端才会凸显出来。

5 这是平针缝完成后的样子。

6 在缝纫的地方放入纸型，拉紧线。

7 将线拉平整，打个结，再用熨斗熨平。

8 熨完后，拿出纸型。

9 这就是完成后的心形贴布的样子。

10 在底布表面画上实物图形后，放上做好的心形。

11 将心形凸出来的部分用珠针固定住，然后开始进行缝纫。

12 将底布上画的完成线和做好的心形布块用藏针缝进行缝合。

13 调整好针脚，使得心形凸出来的地方用一个针脚缝完。

14 这是贴布完成后的正面。

15 背面的针脚是斜线的样子。

16 轻轻地只拿起底布，留出缝份，利落地挖出一个心形来。

17 这是将底布挖去心形后的样子。

疏缝

放射状疏缝

1 将表布、铺棉、里布按照顺序排好。

2 从中心开始缝，在开始缝纫时利用汤勺等辅助工具让针插进去。

3 将插进去的针拨出来。

4 缝线到最后不是打结，而是缝回针缝，然后结尾。

5 从中心开始往四周疏缝。

6 从中心开始呈放射状疏缝。

7 从中心开始密密地再做一次疏缝。

8 这是以 3cm 为间隔完成的疏缝的样子。

棋盘状疏缝

1 从中心开始往四周疏缝。

2 从中心开始，四周对称地做出棋盘的样子后疏缝。

3 从中心开始，每间隔 3cm 便对称地补针，棋盘状疏缝便完成了。

09 滚边条的拼接和滚边

滚边条的拼接

1 在布料上以 45° 角画出 3.5~4cm 宽度的布条，如图所示裁剪出船帆的样子。

2 现在将两条滚边条拼连成一条长滚边条的方法。

3 将 2 条滚边条的末端正面相对，如图所示放好。

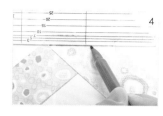  

4 留出 0.7cm 缝份画出完成线。

5 用珠针固定后，进行平针缝。

6 这样就使滚边条连接在一起了。

  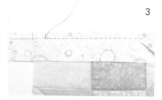

7 将缝份倒向两边，使其横连。

8 将滚边条露在外面的部分剪掉。

9 滚边条的拼接便完成了。

滚边

   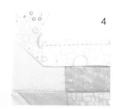

1 在滚边条上画出 0.7cm 的缝份后，在滚边条的头部折出 0.7cm 的缝份，与轮廓线对齐并排放好。

2 利用珠针将其固定后，用平针缝或者半回针缝进行缝纫。第一个针脚要用回针缝将其缝紧。

3 在距离边缘 0.7cm 的位置缝合，最后一个针脚用回针缝缝紧。

4 将滚边条如图所示，往上折过去。

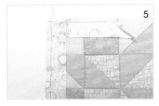  

5 将固定好的滚边条，与底布呈直角折下来。

6 滚边条重叠的部份，如图所示，用针将缝份缝起来。

7 在针穿出来的地方，用回针缝缝一遍后，再用平针缝或者半回针缝进行连接。

8 将滚边条的头部和尾部重叠约 0.7cm。将多出来的布料剪掉。

9 将滚边条往里布方向折过去。

10 将向里布折的缝份，沿着完成线再折 2 次后，用珠针固定住。

11 为了让线结藏起来并使针脚不被看出来，用藏针缝将滚边条缝好。

12 将下面一段有边的部分折成三角形。

13 旁边的部分也用相同的方法折 2 次，抓住边缘的尖角，用珠针进行固定。

14 用相同的方法，进行滚边处理。

15 完成滚边后的正面。

16 完成滚边后的背面。

⑩ 底部的制作

1 准备好制作底部时需要的小袋。

2 为了制作出 4cm 宽的底部，在小袋底部两侧角各画出 2cm 长的线。

3 用半回针缝沿着线将前后缝紧。

4 这样底部的两旁便做出来了。

5 将边缘末端缝一针固定在底部上。

6 再将其翻过来后，底部就做出来了。

⑪ 包扣的制作

1 将布料裁剪得比纽扣稍微大一些。用布料包住纽扣，沿着完成线缝一圈。

2 将线拉紧，将纽扣包进去后，如图所示回针缝，使其牢牢固定住。

拼布
初体验

第 2 部分

01 阿加莎狗狗手机挂坠
02 条纹卡包
03 蝴蝶钥匙包
04 风车化妆包
05 向日葵短款钱包

01
阿加莎狗狗手机挂坠

安世兰 制作

01 阿加莎狗狗手机挂坠

难易度： ★☆☆☆☆　纸型见 p.47

准备材料

布料　印染布

主材料　针，绗缝线，珠针，水溶笔，直尺，顶针，剪刀

辅助材料　缎带，黑色串珠，手机挂坠绳，填充棉，镊子，返里钳

1. 阿加莎狗狗的制作

1 将布料对折后，在布料背面放上纸型，按照纸型画出阿加莎狗的图案。

2 用珠针将布料固定后，留出 0.5cm 缝份，进行裁剪。

3 在其中一块布料的正面中间位置，放上对折好的缎带。

4 将缎带的尾端露出来后，再放上另一块布料，并用珠针固定。

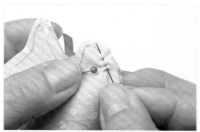

5 除了返口以外的其他部分都用平针缝缝合。第一个针脚要用回针缝缝好。

6 在缝纫时不要忘记将缎带缝上去。

7 返口留出来不要缝。最后一针还是用回针缝缝好。

8 在如图所示做出标记的地方用剪刀剪出牙口。

9 将布料翻过来。

2. 塞入填充棉，作品完成

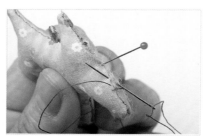

Tip

进行藏针缝时，先用珠针固定后再进行缝纫会更容易些。

10 将填充棉满满地塞进去。先将耳朵、腿部、尾巴等部位塞满会比较容易些。

11 填充棉塞满后，将返口用藏针缝缝合。第一个针脚要用回针缝缝好。

12 最后一针仍然要用回针缝缝好。

13 缝纫完成后，将针从中央位置穿出。因为用的是回针缝，所以不需要打线结。

14 将线拉紧后，用剪刀剪断。

15 将狗狗脖子上的缎带打结系好。

16 在狗狗眼睛的位置，将针插入。拉紧线以使线结不被看见。

17 在线上穿上黑色串珠，做成狗狗的眼睛。

18 将针穿透狗狗眼睛位置，从另一边拉出，在水平方向穿上另一个黑色串珠。

19 打结之后，将针放在两层布之间，拉紧后剪断。

20 再在缎带上穿入手机挂坠绳，作品便完成了。

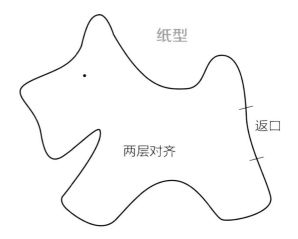

21 利用多种颜色的布料制作狗狗，会更漂亮。

纸型

返口

两层对齐

条纹卡包

李贞实 制作

02 条纹卡包

DVD 作品▶

难易度 ★★☆☆☆　纸型见 p.70

准备材料

布料　5 种表布用布，里布用印染布，57g（约 2 盎司）铺棉，2 张双面胶黏合衬

主材料　针，绗缝线，珠针，水溶笔，直尺，顶针，剪刀，熨斗

辅助材料　塑料卡包，缝份用骨笔

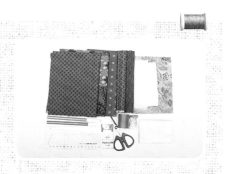

1. 底板的制作

1 准备 45cm×3cm 的 5 种表布用布，每种 2 块。

2 在表布背面的下方画出 0.7cm 缝份线。

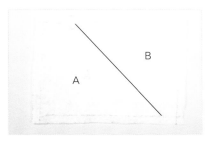

3 根据图案（见 p.70）大小调节铺棉大小，留出 1cm 缝份后裁剪。然后如图所示在适当的位置画出一条斜线。

4 将步骤 1 准备好的一块布料与 A 面斜线呈直角放置，根据棉布大小进行裁剪。这时布料的正面向上。

5 在其上方放上另一块布，使得第二块布与第一块布的正面对齐。这时还不需要剪第二块布。

6 将第二块布和第一块布以及铺棉三层重叠放好，如图留 0.7cm 缝份，用平针缝缝合。

7 这时只需缝到铺棉的完成线就可以了。

8 如图用骨笔将其按压整齐。

9 然后根据铺棉大小裁剪布块。一定要在完成按压动作之后才能裁剪。

10 将其余布料外侧对齐重叠后，重复前面的动作。

11 同样地在完成按压动作后，根据铺棉大小裁剪布块。

12 将 A 面的布料按照顺序排满后进行缝纫。

13 将表布的一块长布，沿斜线放上去，盖住 A 面所有布料的缝份。

14 进行平针缝，一直缝到铺棉的完成线位置。

15 用骨笔将其压平。

16 将 B 面用如前所示方法全部排满后，将反面的铺棉缝份剪掉。

2. 制作口袋，完成作品

17 准备和铺棉一样大小的里布 1 块，铺棉 2/3 大小的口袋用布 2 块，口袋用布 1/2 大小的双面胶黏合衬 2 块。

18 在口袋用布的内侧，以中心线为基准，在一侧放上双面胶黏合衬。

19 将布料对折后，用熨斗熨平。用同样的方法制作 2 个。

20 将完成的 2 个口袋（折叠部分向着中心）放在两端，并将里布一起对齐放置在口袋上面。

21 为了不让布料活动，用珠针固定住。

22 留出返口，其余部分用平针缝缝合。

23 修剪缝份，用剪刀对四个边都进行修剪。修剪时要小心，不要剪到缝份线。

Tip

修剪的理由：将布翻过来时，缝份部分会重叠凸现出来，使作品变得不好看。

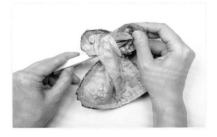

24 利用骨笔从返口开始慢慢将布料翻过来。

25 再用藏针缝将返口缝合。

26 在口袋的地方塞入塑料卡包。

27 这样卡包便完成了。这可是气质女生必备的单品哦。

03
蝴蝶钥匙包

宋喜琼 制作

03 蝴蝶钥匙包 DVD 作品 ▶

难易度 ★★★☆☆ 纸型见 p.71

准备材料

布料 表布用格子布，4 种贴布用布，里布用印染布，85g（约 3 盎司）胶面铺棉

主材料 针，绗缝线，疏缝线，珠针，剪刀，水溶笔，直尺，顶针，熨斗

辅助材料 贴布，绿色、褐色的绣线，3 颗装饰用花形纽扣，装饰用蜜蜂形纽扣，塑料绳，环，木制珠子，贴布用骨笔

1.前片的制作

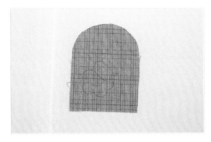

1 在底布上绘制图案（见 p.71），留出 0.7cm 的折边后裁剪。

2 在每种图案的布料上都绘制图案。留出 0.7cm 的折边后进行裁剪。蝴蝶的翅膀请准备 2 块对称的布。

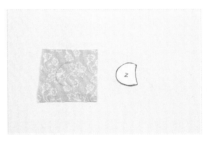

3 如图所示，在留出 0.7cm 缝份后进行裁剪。

4 用骨笔将凸出来的部分沿完成线按压出痕迹后，在弧线部分用剪刀进行修剪。

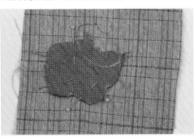

5 将贴布用珠针固定在底布上后，再用藏针缝将贴布缝上去。

6 如图将布片沿着比完成线稍微大一些的轮廓线进行裁剪，用平针缝缝好边。不要剪断线。

7 将与图案同样大小的纸放进去，拉紧线后，用熨斗熨平。再将纸片取出。

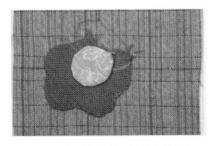

8 将其放在适当位置，并用珠针固定，然后用藏针缝将贴布缝上去。

9 将准备好的对称的蝴蝶翅膀，除返口外，四周都用平针缝缝合。

10 在弯曲部分用剪刀剪出三四个牙口。

Tip

左侧是没有用剪刀剪出牙口的作品。这个作品有棱角。而与其相比，右侧用剪刀剪出牙口后呈现出圆滑曲线的作品是不是更漂亮呢？

11 利用骨笔将布翻过来。

12 根据纸型画出要刺绣的线条。

13 为了把线结藏起来，从内侧开始往外出针缝纫。

14 用半回针缝沿着线刺绣。

15 留出蝴蝶的腹部连同0.7cm缝份，进行裁剪。并将边用平针缝缝合。不要剪断线。

16 将纸型放进去后拉紧线。再用熨斗将其熨平。之后取出纸型。

17 将蝴蝶的翅膀放在底布上，并用珠针固定。

18 在上面放上蝴蝶的腹部，并用珠针固定，然后用藏针缝将贴布缝上去。

19 将背面底部的布料稍微往里折一些，留出缝份，用剪刀剪出几个洞。

20 在底布上画出蝴蝶的触角，给针穿上2股褐色线，用回针缝将其缝好。

2.绗缝和滚边条

21 将里布（正面向下）、铺棉和已经完成的表布按照顺序重叠放好。

22 用珠针将这三层固定好后，在底布上画出中心线。

23 在中心线两边间隔1cm画出绗缝线。

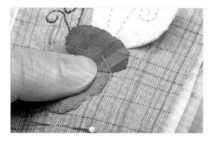

24 将针由后面往前面穿出。

25 在把前边的线拉紧的状态下，轻轻将里布抓起，在里布的内侧打结。

26 第一个针脚左右两边0.1cm用回针缝缝纫，此后以每针针脚间隔0.3cm开始平针缝。

27 每两三个针脚抽出针，尽量均匀地绗缝直到背面位置。

28 花瓣（红色、黄色）和蝴蝶腹部进行落针绗缝（沿着贴布的边缘绗缝）。但是翅膀不需要落针绗缝。

29 底布的绗缝从中心位置向外进行，沿着所画的线全部绗缝起来。

30 将所有画出来的线都绗缝起来。

31 全部绗缝完之后，紧挨完成线的边缘用剪刀整齐地修整好。

32 裁剪出宽 3.5cm 的斜裁滚边条，在内侧画线，留出 0.7cm 的缝份。

33 将边缘部分和滚边条对齐排好，用珠针固定。

34 然后将滚边条、表布、铺棉、里布 4 层用平针缝缝合。第一个针脚用回针缝。

35 沿着弧线用半回针缝缝好，将剩余的滚边条剪掉。

36 将滚边条往里折，折 2 次与完成线对齐。

37 用珠针将其固定后，用藏针缝缝合。

3. 和后片拼接后，作品完成

38 将胶面铺棉放在背面布料上，用熨斗熨一下。

39 在要绣花的部分绘制上图案。

40 如图所示，用雏菊绣将茎干和叶子绣好。

41 将 3 颗花形纽扣缝上后，将背面放在里布（正面向下）上面，然后再画出绗缝线。

42 从中心位置开始往边缘方向沿着线进行绗缝。

43 用同样的方法，将布料前片用滚边条包住缝好。

44 如图在顶端用珠针标示出大约 1cm 的地方。这块地方不要缝合。

45 将前后片正面相对并对齐边，除去珠针标出的位置，其余部分朝着同一个方向用卷针缝进行缝合。

46 相反的一边也用卷针缝进行缝合。

47 缝好后将其翻过来。

48 下部边缘线也用滚边条包住缝好。

49 将绳穿入环中，并打一个结。

50 将绳塞入中间的返口处后，将木制珠子串在绳上并打结。

51 将蜜蜂形纽扣缝在正面合适位置作为装饰。

52 蝴蝶钥匙包便完成了。

04
风车化妆包

丁珉子 制作

04 风车化妆包 DVD 作品

难易度 ★★★☆☆　纸型见 p.70

准备材料

布料　表布用格子布，4 种拼布用格子布，里布用印染布，85g（约 3 盎司）铺棉

主材料　针，绗缝线，疏缝线，珠针，剪刀，水溶笔，直尺，顶针，熨斗

辅助材料　25cm 长的拉链，缝份用骨笔

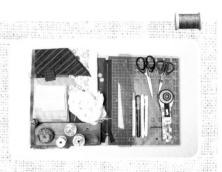

1. 表布的制作

1 在格子布的内侧画上图案（见 p.70），留出 0.7cm 缝份后裁剪。

2 将 2 片布正面相对，沿着完成线用平针缝缝合。

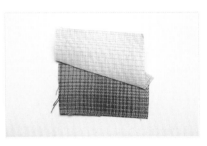

3 利用骨笔将缝份刮平整并展开。

4 配好颜色后，每 2 块进行拼接，做出风车的模样。

5 先将每两个小的布块进行拼接（参考 DVD）。

6 做出 4 块这样的拼接布块。

7 拼接时，4 块重叠的缝份部分不要缝合。

8 这是 4 块布拼接后的正面。

9 从背面看，缝份做成了风车的形状。

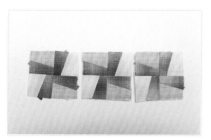

10 用相同的方法，配好颜色后，做出3块风车状布块。

11 将做出的3块风车状布块拼缝起来，做成1块这样的布块。

12 准备好底部用布。

13 将完成的风车拼缝布块和底部用布对齐后，用平针缝将其连接起来。

14 背面的风车拼缝布块也和底部用布拼接起来。

15 整理风车状布块的缝份（反面），将底部的缝份往外折。

16 将里布（正面朝下）、铺棉、表布按照顺序叠放，用大针脚疏缝。

17 沿着绗缝线缝好。底部沿着绗缝线进行绗缝。

2. 与里布的拼接

18 取与里布相同颜色的布料，裁剪出3.5cm宽的滚边条，并画出距离边缘0.7cm的完成线。

19 裁剪出和表布相同大小的里布、铺棉后，在里布的内侧距离边缘0.7cm的四周画出完成线。

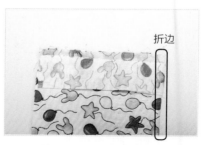

折边

20 将里布与表布的正面相对后对折，将滚边条放在边上，并沿着完成线用藏针缝缝起来。

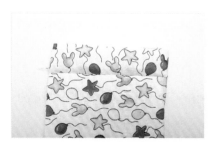

21 将滚边条向上展开。

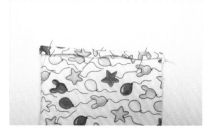

22 折2次对齐完成线，并用珠针固定。

23 用藏针缝将滚边条缝合。

折边

24 相反的另一边也用相同的方法处理滚边条。

25 将缝好的滚边条作为中心，做出三角形的样子，并在每侧画出2.5cm、两侧总共5cm的线。

26 用回针缝将画出的线缝合，这样底部就做出来了。

27 将两边都做出来。

28 将底部的边用针线固定到旁边的滚边条上。

29 将表布正面往外翻。

3. 缝上滚边条，作品完成

30 准备好要缝在正面的斜裁滚边条。裁剪出宽3.5cm，底角为45°的梯形布条。

31 如果长度不够的话，将斜裁滚边条的正面相对并对齐，用平针缝缝合。

请剪掉

32 缝好后将正面往上折，就能做出如图所示的滚边条。

33 在滚边条内侧画出0.7cm的缝份。

1cm

34 将滚边条的开头一端沿直线剪齐后，往里折1cm左右。

35 将小包的开口边缘和滚边条的表面相对放置，沿着完成线用回针缝缝起来。

36 然后将滚边条往上展开。

37 将滚边条往内侧折2次，最后用藏针缝缝合到里布上。

38 开口处的滚边条便完成了。

39 现在来做拉链的带子。用与滚边条相同的布料，剪出4cm×3cm的布块。

40 以竖直中心线为基准将上下两端向内折叠。

41 用折叠好的布块将拉链的末端包住后，将布块横着对折并用藏针缝缝合。相接的尾部也用藏针缝缝合。

42 用 7cm×2.5cm 的滚边条做出圆圈的形状，然后缝合。将其翻过来使正面朝外，剪掉多出的部分。

43 如图对折后，进行缝纫并固定。

44 拉紧线，做出花朵的样子，并将其缝在拉链末端。

45 准备格子布，将其裁剪成比半径 1.5cm 的包扣稍微大点的圆形。

46 对布块的边缘进行平针缝，放入纽扣后，拉紧线并打结。做出 2 个相同的包扣。

47 将包扣放置在花瓣的中心位置，并用藏针缝缝好。

48 将拉好的拉链放在小包的一侧，并用珠针固定。将小包的里布和拉链的表面相对。

49 用半回针缝缝纫拉链的内侧。

50 在小包内侧距离两端 1.5cm 的地方，不要缝拉链。

51 小包完成。风车图案是不是和向日葵拉链非常相配呢？

金润敬 制作

05 向日葵短款钱包 DVD 作品 ▶

难易度 ★★★☆☆ 纸型见 p.71 和附录纸型 A

准备材料

布料 表布用黑色 azumino 布料，里布用黑色无花纹布料，2 种印染布（粉红色布和粉红色波尔卡圆点布），85g（约 3 盎司）铺棉，胶面铺棉

主材料 针，绗缝线，疏缝线，珠针，剪刀，水溶笔，直尺，顶针，熨斗

辅助材料 有孔口金，皮质搭扣，粉红色绣线，纽扣，绣花针，隐形笔

1. 表布的制作

1 将胶面铺棉的黏着面放在黑色 azumino 布料上，用熨斗将其贴在布料上。

Tip 🧵

对黑色 azumino 布料的正反面可以不用进行区分。胶面铺棉皱巴巴的一面是黏着面，在要按压粘贴时，直接用熨斗在布料上熨即可。

将包扣放在中间的圆上

2 在熨过的黑色 azumino 布料上，用白色隐形笔将短款钱包的图案（见 p.71）绘制出来。

3 用粉红色的绣线，从中心的圆形开始到花瓣位置全部用平针缝缝起来。

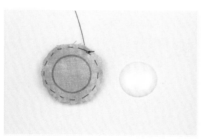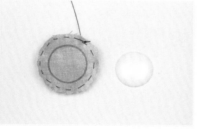

4 将粉红色布块裁剪出比 2cm 的纽扣稍微大点的圆形，并用平针缝将边缘缝好。

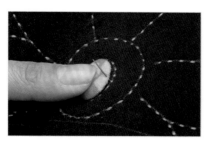

5 将纽扣放入布块中间，拉紧线后打结。

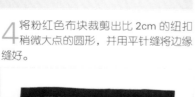

6 将包扣放在表布中间的圆上面，并用藏针缝缝合。

7 将表布放在里布上面。

8 根据表布的大小，对里布进行裁剪。

2. 卡袋的制作

9 利用隐形笔在卡袋用布上绘制出图案。该图案会在熨斗熨过后消失。

10 裁剪出 6 块 9.6cm×5cm 的胶面铺棉。然后将其用熨斗粘贴在距离图案 5cm 的位置。

11 这是将 6 块胶面铺棉全部在卡袋用布反面粘贴好后的样子。

12 注意图案从内往外折的线，按照顺序进行折叠。

13 卡袋折叠的部分不要展开，然后用熨斗熨平。缝份部分用平针缝缝好。

14 之后，在其上对齐放置上粉红色波尔卡圆点布（裁剪时要比卡袋布块的纵面长出 2~3cm），用珠针固定。

15 在上侧留出 0.7cm 的缝份后，根据完成线进行平针缝。这个时候第一个针脚请用回针缝缝合。

16 拔下珠针，将粉红色波尔卡圆点布块往卡包的后面折。

17 将其四边和卡袋对齐后，剪掉多出的部分。

18 将完成好的表布铺在底部，再放上卡袋。下侧边缘对齐缝合。

19 翻到正面，将上侧线之外的部分用平针缝缝合。

20 根据表布的大小，裁剪卡袋。

21 将粉红色波尔卡圆点布裁剪成3.5cm 宽的斜裁滚边条，并在距离下侧 0.7cm 的地方画出完成线。

22 将斜裁滚边条放在表布上，并用珠针固定后，用平针缝沿完成线缝合。将除去卡袋拼接的剩余表布和斜裁滚边条部分，也用平针缝缝合。

23 最后将斜裁滚边条与其开头 2cm 左右重叠后，进行平针缝。再剪掉剩余部分。

24 将斜裁滚边条往卡袋的一侧折叠。

25 根据大小将其折叠 2 次后，用藏针缝缝合。

26 斜裁滚边条完成后的正面。

3. 零钱包的制作

27 将铺棉、粉红色波尔卡圆点布、黑色无底纹布按顺序放好，要将布的正面相对。

28 之后，用隐形笔在上面将零钱包的图案画出来。返口也要标出来。

29 留出返口，将其他部分的 3 层全部用平针缝缝合。

30 将铺棉的缝份剪掉，注意不要剪到缝住的部分。

31 将其他布料的缝份也剪掉。

32 从布料之间的返口翻过来后，用熨斗熨平。

33 最后将返口用藏针缝缝合。

34 在12cm长的边上标出中心位置。

35 将零钱包的口金和标示出的中心对齐，然后从口金的中心开始朝一边缝纫。这时请用 2 股线牢牢缝纫。

36 将布料的末端根据口金的模样弯曲着放进口金中。

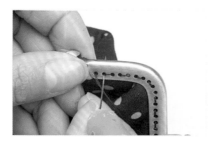

37 全部缝好后，再返回空着的孔，进行平针缝。

38 从中心开始往右也用同样方法进行缝纫。

39 将零钱包两边的 4 层用卷针缝进行缝纫。

40 以进行卷针缝的两边为中心，在两边各画出 2.5cm 总共 5cm 的线。

41 用回针缝将完成线缝起来。

42 再将正面翻出来后，零钱包就做成了。

4. 完成

43 将零钱包放在短款钱包的中心位置，用卷针缝固定。

Tip

安装零钱包的时候，如果拿住整个钱包进行卷针缝的话，就可能连表面也能缝上，所以要将手放在纸币栏之间，只将卡袋和零钱包进行卷针缝即可。

44 将较短的皮质搭扣放在短款钱包正面中心位置。

45 将针插入卡袋和纸币栏的内侧，再用针穿过皮质搭扣的孔进行平针缝。用 2 股线缝 2 次。

46 用相同的方法将较长的皮质搭扣拼接上后缝 2 次。

47 向日葵短款钱包便完成了。

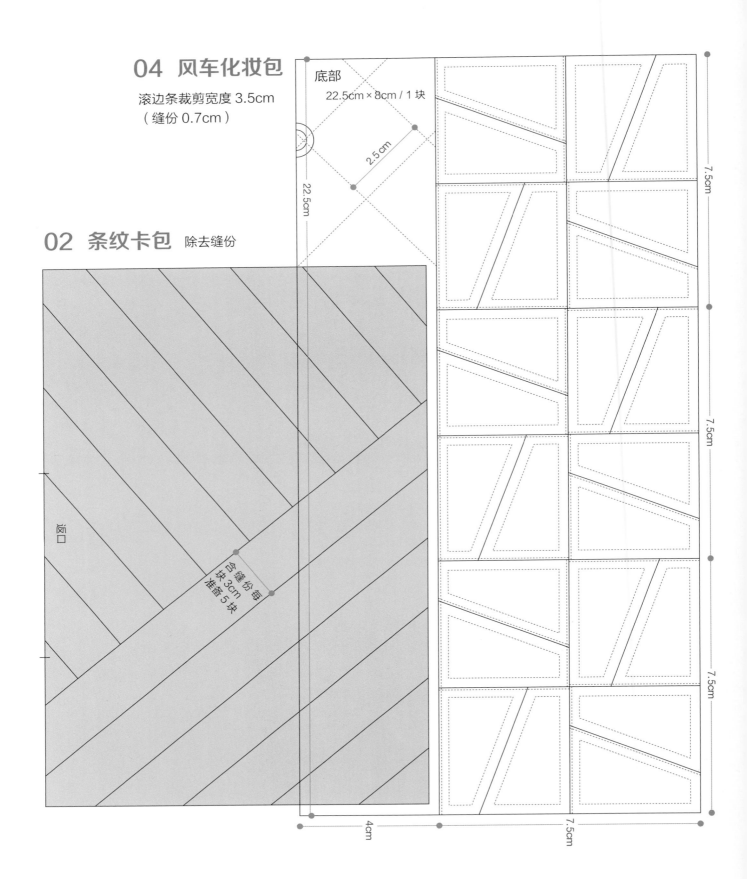

04 风车化妆包

滚边条裁剪宽度 3.5cm

（缝份 0.7cm）

底部

22.5cm × 8cm / 1 块

2.5cm

22.5cm

02 条纹卡包 除去缝份

返口

含缝份每块3cm准备5块

7.5cm

7.5cm

7.5cm

7.5cm

4cm

7.5cm

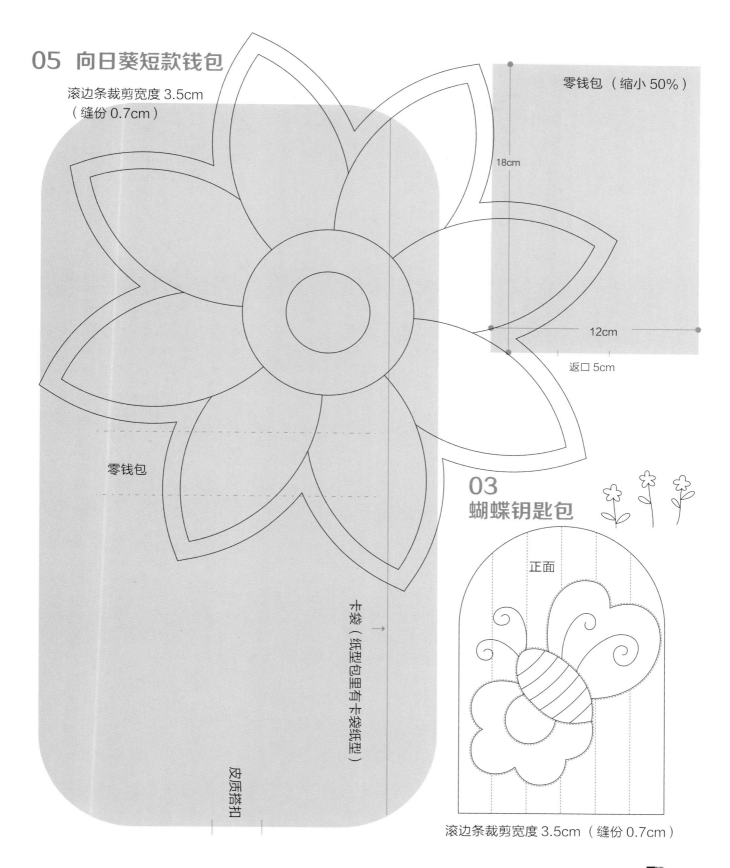

05 向日葵短款钱包

滚边条裁剪宽度 3.5cm
（缝份 0.7cm）

零钱包（缩小 50%）

18cm

12cm

返口 5cm

零钱包

卡袋（纸型包里有卡袋纸型）

皮质搭扣

03 蝴蝶钥匙包

正面

滚边条裁剪宽度 3.5cm（缝份 0.7cm）

居家
用品

第 3 部分

- 06　波尔卡圆点套鞋　● 07　面巾纸盒
- 08　房屋时钟　● 09　厨房记事挂袋
- 10　刺绣拼布壁挂　● 11　茶杯垫和垫子
- 12　围裙和厨房手套　● 13　拖鞋和垫子
- 14　篮子抱枕　● 15　德累斯顿抱枕
- 16　柠檬之星抱枕　● 17　扇子抱枕

06
波尔卡圆点套鞋

宋喜琼 制作

06 波尔卡圆点套鞋

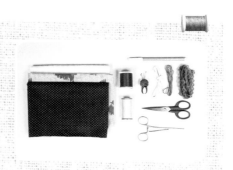

难易度 ★★☆☆☆ 纸型见附录纸型 A

准备材料

布料 波尔卡圆点套鞋表布用布，里布用印染布，85g（约 3 盎司）铺棉

主材料 针，绗缝线，疏缝线，珠针，水溶笔，直尺，顶针，剪刀

辅助材料 松紧带，返里钳，粉红色绣线

1. 鞋面的制作

1 按照纸型在表布、里布和铺棉上绘制出完成线，留出 0.7cm 缝份后裁剪。图片上准备的是做一只所要用到的材料。

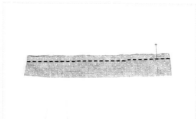

2 将 5cm×15cm 的布带的正面相对并对齐对折后，用珠针固定，按照完成线用平针缝缝合。

3 利用返里钳将正面往上翻过来。

4 在布带里放入双层松紧带，将松紧带两端固定在布带上。

5 将铺棉、里布和表布（将里布和表布的正面相对）按顺序放置好。

6 将做好的布带放在里布和表布之间，并用珠针固定。

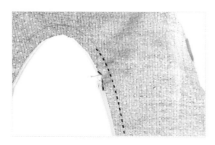

7 将布带、里布和表布用回针缝牢牢固定住。

8 这时把布带放在相对一侧并进行固定。注意不要将布带挤成一团。

9 将布带拉到对面一侧水平位置，用珠针固定后，用回针缝缝合。

10 在弯曲的部分用剪刀修剪好。将铺棉的缝份沿着完成线剪掉。

11 再将其翻过来，如图所示。这时再缝合上脚后跟布料。

12 将脚后跟布料如图所示摆成"一"字形，分别把表布正面相对对齐，里布也正面相对对齐，缝合。

13 将缝份用平针缝缝合。因为会变厚，要将铺棉的缝份剪掉。

14 再将表布往上合，如图所示。

2. 制作鞋底，作品完成

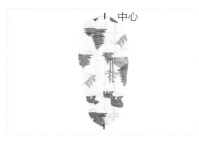

15 将里布和铺棉叠在一起，沿着绗缝线进行绗缝。

16 将鞋底和鞋面的中心对齐，用珠针固定住。

17 沿着鞋子的轮廓线用半回针缝缝一圈。鞋底多出的铺棉缝份要剪掉。

18 把套鞋的所有布料往中心位置集合。

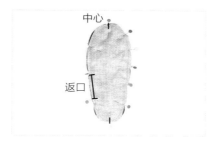

19 之后将鞋底表布盖上，与中心线对齐后，用珠针固定。再留出返口，用半回针缝进行缝纫。

20 从返口将其翻过来后，用藏针缝缝合返口。

21 在套鞋开口处距离边缘 0.5cm 的内侧，用粉红色绣线平针缝。

22 另一只也用相同的方法制作，套鞋完成。

李贞实 制作

宋喜琼 制作

08

房屋时钟

07 面巾纸盒

难易度 ★★★☆☆ 纸型见附录纸型 A

准备材料

布料 四种格子布，里布用布，85g（约 3 盎司）铺棉

主材料 针，绗缝线，疏缝线，珠针，水溶笔，直尺，顶针，剪刀

辅助材料 18 颗装饰用纽扣，绿色绣线，子母扣

1. 表布的制作

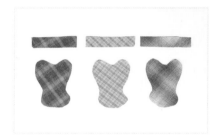

1 如图所示准备好正面要用的篮子布块。篮子的提手布和斜裁滚边条的制作方法相同。

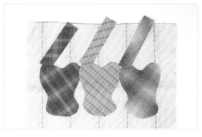

2 决定好位置，将篮子布块放置在底布上。

3 按照纸型将底布裁剪后，在两侧都缝上篮子布块，表布完成。

4 在底布上画上绗缝线后，将里布（正面向下）、铺棉、表布叠放后进行平针缝。

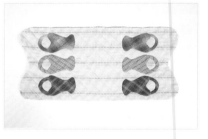

5 沿着绗缝线绗缝完之后，将边缘用剪刀修剪整齐。

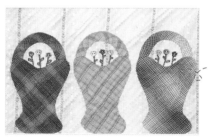

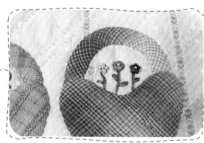

6 将纽扣装饰在每一个篮子上之后，进行绣花（茎部用轮廓绣，叶子用雏菊绣）。

2. 完成

7 准备好侧边，按照里布（正面向下）、铺棉和表布的顺序叠放后进行绗缝。只将上边缘用滚边条包起来（基本技巧参考 p.39）。

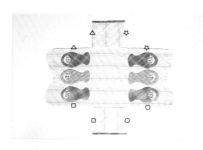

8 将表布和两侧的中心位置标示出来，放置好，用平针缝缝合。

9 将表布的四周用滚边条包住缝好。

10 将滚边条往对面折叠后，用藏针缝缝合。

11 在纸盒开口处标示出安装子母扣的位置。

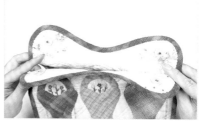

12 确认对准后，将子母扣缝上。

13 可以改变房间气氛的面巾纸盒便做成了。

08 房屋时钟

难易度 ★★★ ☆☆　　纸型见附录纸型 A

准备材料

布料　多种小块的格子布，无花纹布料，142g（约 5 盎司）铺棉
主材料　针，绗缝线，疏缝线，珠针，水溶笔，直尺，顶针，剪刀
辅助材料　时钟的零部件，锥子

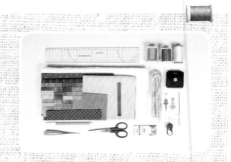

1. 房屋的制作

1 根据纸型裁剪出相同宽度的布块，并留出 0.7cm 缝份。如图所示进行排列。

2 按顺序摆放好布块，做出房屋的样子。

3 按照铺棉、里布、表布（将里布和表布的正面相对）的顺序放置，留出 0.7cm 缝份后按照纸型进行裁剪。然后对底部返口之外的部分用半回针缝缝合。

4 将多余的铺棉剪掉后，从返口将其翻过来。

5 然后将返口用藏针缝缝合。

6 在布块拼接处进行绗缝，再在适当的位置用水溶笔画出一个圆。

2. 完成

7 如图所示将制作屋顶、钟面、烟囱所用的材料准备好。

8 将铺棉铺在下面，再将与之对齐的里布和表布（正面相对）对齐叠放。

返口

9 留出返口，将剩余部分用半回针缝缝合。剪掉多余的铺棉。

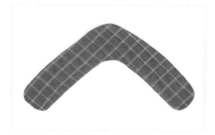

10 将其翻过来，返口用藏针缝缝合。然后沿着布料的格子纹进行绗缝。

11 烟囱也是用相同的方法，先将各种材料按顺序重叠后缝合，再翻过来。

12 用藏针缝将返口缝合，在靠近边缘的位置进行绗缝。

13 在铺棉的上面放上时钟表布后，按照纸型画出绗缝线。

14 沿着绗缝线进行绗缝后，用滚边条进行滚边处理（基本技法参照p.39）。

15 将屋顶和烟囱、屋顶和房屋用藏针缝拼接起来。图片所示就是完成后的背面。

16 将其翻到正面，在正面放上做好的时钟，并用藏针缝将其固定。

17 如图所示将屋顶的绳环用卷针缝固定。

18 用锥子在时钟的中心位置穿出一个孔，再将分针、时针、秒针按照顺序调整好，房屋时钟便完成了。

09
厨房记事挂袋

安世兰 制作

09 厨房记事挂袋

难易度 ★★★☆☆ 纸型见附录纸型 A

准备材料

布料 裁剪碎布，蕾丝，2块里布用布，85g（约3盎司）铺棉

主材料 针，衍缝线，疏缝线，珠针，水溶笔，直尺，顶针，剪刀

辅助材料 2种蕾丝，绿色绣线，花朵用布，珍珠串珠

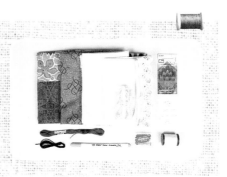

1. 正面的制作

1 将纸型放在底布的内侧，连同 0.7cm 的缝份画出后，裁剪，画出口袋。

2 如图所示，将按纸型裁剪出的杯把放在恰当的位置后，将其缝在底布上。

3 放上铺棉，纵向每间隔 4cm 进行衍缝。

4 与正面对齐后，将多余的铺棉剪掉。

5 根据图案，用绿色绣线 2 股进行轮廓绣，绣出花瓶的样子。

6 在树枝上时不时地缝上花朵布块和珍珠串珠以作装饰。

2. 口袋的制作

7 如图所示将口袋的里布和表布一组一组地准备好。

8 按照铺棉、里布和表布（里布和表布要正面相对）的顺序放置好。

9 在底部留出返口，然后将其余部分用回针缝缝合一圈。在靠近完成线的位置，裁剪掉铺棉的缝份。

10 通过返口将其翻过来后，用藏针缝缝合返口。

11 将做好的口袋在距离上边缘大约1cm的位置进行绗缝。

12 其他的口袋也用同样的方法制作。

13 如图所示将口袋放置好后，除上边缘外，其他3个边都用藏针缝缝合。

14 裁剪出背面用布，并将其与表布正面相对。在适当的位置留出返口，除返口外用平针缝缝合。

15 在靠近完成线的位置裁剪掉多余的铺棉。

16 从返口处将其翻过来，并用藏针缝将返口缝合。

3. 作品完成

17 距离轮廓线 1cm 的内侧，全部进行平针缝。

18 在记事挂袋的弧形边缘用平针缝将蕾丝固定。

19 将下边缘比较厚重的蕾丝用平针缝固定。

20 裁剪 20cm×14cm 的布料，并将两边往里折 1cm 后用平针缝缝合。

21 如图所示，将其对折后，将向里折的位置用平针缝缝合。

22 将其翻过来。

23 为了能放进小包，将环状布用藏针缝固定在记事挂袋背面的上端。

24 厨房记事挂袋便完成了。

a maple tree

10
刺绣拼布壁挂

李贞实 制作

10 刺绣拼布壁挂

难易度 ★★☆☆☆　纸型见附录纸型 A

准备材料

布料　米白色 azumino 布料，底板用布，铺棉，背面用布
主材料　针，绗缝线，疏缝线，珠针，水溶笔，直尺，顶针，剪刀
辅助材料　水溶性复写纸，铁笔（或无水的圆珠笔），彩色绣线

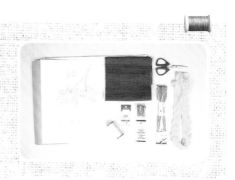

1 将米白色 azumino 布料、水溶性复写纸、实物纸型按照顺序放置好。

2 按照实物纸型用铁笔（或无水的圆珠笔）将其绘制出来。

3 在按照纸型绘制好的布料上放上铺棉后进行平针缝。这时要将铺棉裁剪出比完成线多出 1cm 大小。

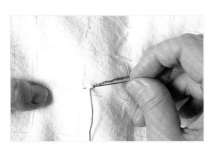

4 按照画出来的线，从中心位置往外侧用回针缝进行缝纫。

5 如图所示将底板用布放置好后，将铺棉和两侧按照上下顺序对齐后用平针缝缝合。

6 在底板用布上画出绗缝线后，放上背面用布，一起进行绗缝。

7 用滚边条将其四周包住缝一圈（基本技法参照 p.39）。

8 完成了。美美地挂在墙上吧。

11
茶杯垫和垫子

金润敬 制作

围裙和厨房手套

12

11-1 茶杯垫

难易度 ★★☆☆☆　纸型见附录纸型 B

准备材料

布料　3 种印染布，57g（约 2 盎司）胶面铺棉

主材料　针，绗缝线，水溶笔，直尺，顶针，剪刀

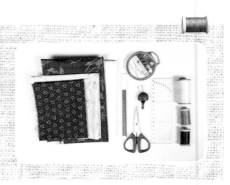

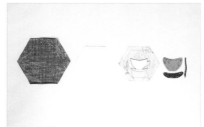

1 准备好如图所示的布块。

2 为了能比较容易地了解位置，先在要进行贴布的表布上绘制图案。

3 在表布上将杯把、杯子、杯盘按照顺序缝好后，把胶面铺棉用熨斗进行熨烫黏合。

4 在底布的中心位置放上表布。

5 将底布的缝份与完成线对齐折 2 次。

6 折叠部分用藏针缝缝合。

7 按照顺时针方向，用相同方法将其他边的缝份缝合。

8 如图所示将重叠的角再用藏针缝缝合。

9 将图案边缘绗缝好。

10 茶杯垫就做好了。

11-2 垫子

难易度 ★★☆☆☆   纸型见附录纸型 B

准备材料

布料 5 种印染布，57g（约 2 盎司）胶面铺棉
主材料 针，绗缝线，疏缝线，水溶笔，直尺，顶针，剪刀，熨斗

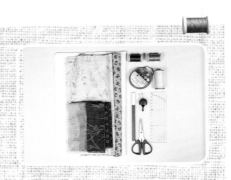

1. 表布的制作

1 将布料横着对折，利用前面所示相同方法将杯子固定在其上。之后，在布料之间放入胶面铺棉并用熨斗进行熨烫黏合。

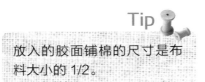

Tip

放入的胶面铺棉的尺寸是布料大小的 1/2。

2 按照图案进行绗缝。

3 准备好如图所示的布块，并用平针缝进行拼缝。

4 将拼接布块、缝上贴布的布块如图所示放置。

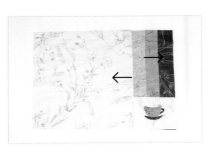

5 将其拼接之后，将缝份朝着箭头方向折叠。

2. 作品完成

6 在胶面铺棉上方放置表布，并用熨斗将其熨烫贴合。

7 如图所示将口袋的右侧用平针缝固定住。

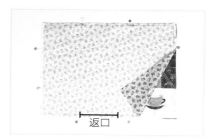

返口

8 将背面用布和表布正面相对并对齐，画出 0.7cm 的缝份，留出返口进行平针缝，并将铺棉的缝份剪掉。

9 通过返口将其翻过来，并用藏针缝缝合返口。

10 画出绗缝线。将拼接布块和贴布部分进行绗缝。

11 沿着线绗缝完，作品就完成了。将其与茶杯垫一起使用吧。

12-1 围裙

难易度 ★★☆☆☆ 纸型见附录纸型 B

准备材料

布料 4 种表布用布，里布用印染布，黏合衬，红色波尔卡圆点布

主材料 针，绗缝线，疏缝线，珠针，水溶笔，直尺，顶针，剪刀，熨斗

辅助材料 蕾丝

1. 表布的制作

1 将口袋用布留出 0.7cm 的缝份后裁剪，将斜边折出 0.7cm 并用熨斗熨平。

2 将蕾丝用珠针固定在斜边位置后，用平针缝缝合。

3 用相同的方法将蕾丝缝在红色波尔卡圆点布上，做出 2 个口袋来。

4 将口袋用珠针固定在底布上，用平针缝缝合。

5 如图所示按顺序准备好正面用布块。

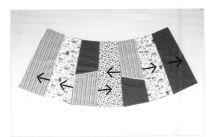

6 将 7 块布块拼接成一块。缝份向着图中箭头所示方向折叠。

2. 作品完成

7 裁剪出没有缝份的 85cm×6.5cm 的布条，正面相对对折后，在距边缘 0.7cm 的位置用平针缝缝合。

8 利用长筷子将其翻过来。做出相同的 2 条。

9 将做出的 2 条带子放在表布上，并用珠针进行固定。

返口

10 准备与表布同样大小的里布，在内侧的腰部位置铺上 3cm 宽的黏合衬，并用熨斗熨烫使其黏合。

11 将表布与里布正面相对并对齐，留出返口，用平针缝缝合。带子部分要用回针缝缝结实。

12 从返口将其翻过来，并用藏针缝缝合返口。再次确认带子是否缝牢。

13 布块拼接的部分往没有折边的一侧进行绗缝，在距边缘 0.7cm 的地方进行绗缝。作品完成。

12-2 厨房手套

难易度 ★★★☆☆　纸型见附录纸型 B

准备材料

布料　表布用印染布，里布用印染布，2 种小块布，198g（约 7 盎司）铺棉

主材料　针，绗缝线，疏缝线，珠针，水溶笔，直尺，顶针，剪刀

辅助材料　蕾丝

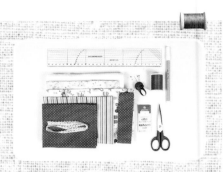

1 准备如图所示 2 块表布用布、8 块小块布、蕾丝。图中准备的是做一只手套所要用到的材料。

2 准备如图所示的 2 块里布和 2 块铺棉。

Tip

因为厨房手套常用来拿温度较高、发烫的东西，所以最好将铺棉塞得厚一些。

3 按顺序将布块拼接到一起。

4 将蕾丝用平针缝缝在表布的手腕位置。

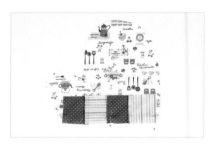

5 将缝好的布块与表布正面相对并对齐，用平针缝缝合。

6 缝好后展开，用熨斗熨平。

7 将 2 块里布与铺棉对齐放置后，再放上 1 块铺棉，之后再放上 2 块带拼接布块的表布。总共 6 层。

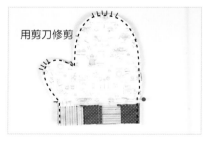

用剪刀修剪

8 用珠针将其固定后，沿着完成线缝一圈。凸出来的部分用剪刀修剪出几个牙口。然后从腕口处将正面翻出来。

9 现在来制作布环。按照 11cm × 3cm 不留缝份裁剪滚边条，将其 4 等分对折。

10 用滚边条沿着翻出来的手套的手腕部分将其包住缝一圈（基本技法参考 p.39）。

11 将其往内侧折叠，并用藏针缝缝合。这时将布环缝在滚边条里面。

12 再次将正面翻出来。将拼接布块的部分绗缝（先绗缝然后用滚边条进行包缝）。

13 大功告成。用相同的方法制作出 2 只的话，会非常好用哦。

13
拖鞋和垫子

丁珉子 制作

13-1 拖鞋

难易度 ★★★☆ 纸型见附录纸型 B

准备材料

布料 5 种印染布，85g（约 3 盎司）铺棉

主材料 针，绗缝线，疏缝线，珠针，水溶笔，直尺，顶针，剪刀，熨斗

辅助材料 2 颗大木制纽扣

1. 鞋面的制作

1 在布料的反面绘制图案，留出 0.7cm 的缝份后进行裁剪，使正面向上。

2 如图所示进行拼接（基本技法参考 p.35）。

3 在完成的拼接布块上折出缝份，用熨斗熨平。画出图案，留出 0.7cm 缝份后进行裁剪。

4 将里布（正面向下）、铺棉、表布按照顺序放置并用大针脚疏缝，再进行绗缝。四周用剪刀修整。

5 用滚边条包住鞋面弧形位置，进行滚边处理（基本技法参考 p.39）。

6 将滚边条往里布方向折叠后，用藏针缝对其进行最后的缝纫。

7 用相同的方法做出 2 个鞋面。制作时要使它们对称。

2. 作品完成

8 将里布（正面向下）、铺棉、表布（正面向上）按照顺序放置好后，进行绗缝。

9 按照纸型留出 0.7cm 缝份后，将多余的部分剪掉。

10 将做好的鞋面放在鞋底上，并用大针脚缝合。

11 从鞋底边缘开始，用回针缝将滚边条缝上。用珠针先固定会使缝纫更简单。

12 将鞋面重叠的部分用大纽扣固定。

13 用相同的方法制作出 2 只鞋子来。不要忘记是要做出对称的 2 只。

13-2 垫子

难易度 ★★★☆ 纸型见附录纸型 B

准备材料

布料 7 种印染布，85g（约 3 盎司）铺棉

主材料 针，绗缝线，疏缝线，珠针，水溶笔，直尺，顶针，剪刀，熨斗

1 参照前面室内拖鞋的鞋面制作方法，如图所示将布块拼接起来（基本技法参照 p.35）。

2 将缝份用熨斗熨平。

3 用剪刀将所有拼接好的布块的四周剪齐。

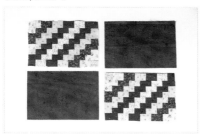

4 将每块放置好的布块内侧留出 0.7cm 缝份后进行裁剪。正面向上进行拼接。

5 将布块的边对齐后用平针缝缝合，展开。

6 裁剪 4 块边条布，留出 0.7cm 缝份，按照左、右、上、下顺序平针缝缝合。缝份朝着底部折叠。

7 将铺棉、表布、里布（里布和表布正面相对）按照顺序叠放，留出返口，剩余部分用回针缝缝合。

8 从返口将布料翻过来后，用藏针缝对返口进行缝合。

9 再沿着绗缝线进行绗缝，作品就完成了。

篮子抱枕

丁珉子 制作

14 篮子抱枕

难易度 ★★★★☆　纸型见附录纸型 B

准备材料

布料　8 种印染布，白色无花纹布，85g（约 3 盎司）铺棉

主材料　针，绗缝线，疏缝线，珠针，水溶笔，直尺，顶针，剪刀，熨斗

辅助材料　40cm 抱枕拉链，填充棉

1. 前片的制作

1 将篮子用布的小布块留出 0.7cm 缝份后进行裁剪。将布块正面对齐后进行平针缝，再展开。

2 其他布块也用相同的方法进行拼接。

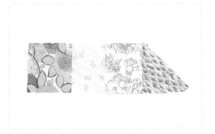

3 将 4 块布块拼接成一块。

4 在白色无花纹布上用平针缝缝上一块印染布布块。

5 然后将前面做好的各种样式的布块如图所示放置。

6 将缝份整理成风车状。

7 准备好贴布纸型，在布块表面绘制图案，留出 0.5cm 缝份后进行裁剪。

8 按照图案将花的位置摆放好，如图所示用藏针缝进行缝合。

9 如图所示将贴布缝合在布料上。

10 如图所示将贴布缝合在布料上。

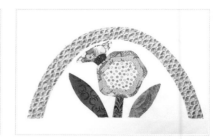

11 最后将篮子的把手也缝合上去。

12 将前面做好的贴布放在适当位置后，如图所示用平针缝缝合。

13 将表布用布如图所示放好，用平针缝缝合。并用剪刀对四边进行修整。

14 将里布（正面向下）、铺棉、表布（正面向上）按照顺序叠放。

15 绘制好绗缝线后，进行疏缝。

16 沿着绗缝线进行绗缝，并用剪刀对四周多余的里布和铺棉进行修剪。拆掉疏缝线。

2. 制作后片，作品完成

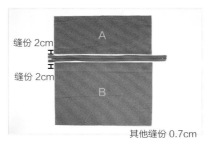

缝份 2cm

A

缝份 2cm

B

其他缝份 0.7cm

17 和拉链拼接的缝份为 2cm，其他的缝份为 0.7cm，量好后裁剪。并按照图示摆放。

18 首先将 B 面与拉链拼接的部分折出 2cm 的缝份后，在距离拉链一端 0.5cm 的位置画出线，将拉链用平针缝缝好。

5cm

19 在距离边缘 5cm 的位置画线。两侧都这样做。

20 将 A 面与拉链拼接的部分往里折1.5cm。并使其与 B 面重叠 0.5cm后，用珠针固定。

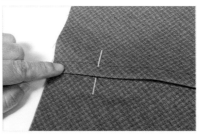

21 A 面也与 B 面一样在距离边缘5cm 的位置画线。除去这一部分和 1cm 之外的 A 面其他部分都用平针缝缝合。

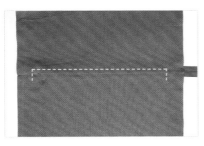

22 两边留出 5cm，按照虚线所示用平针缝缝出"冂"的形状。

23 将剩下两侧的 5cm 用藏针缝缝合。

24 将前片重叠放在安装了拉链的后片（正面向下）上。

25 用滚边条进行滚边处理（基本技法参照 p.39）。

26 再将填充棉塞进去，篮子抱枕便完成了。

德累斯顿抱枕

李贞实 制作

柠檬之星抱枕

宋喜琼 制作

15 德累斯顿抱枕

难易度 ★★★☆☆　纸型见附录纸型 B

准备材料

布料　白色无花纹布，13 种印染布，前片和后片用布，85g（约 3 盎司）
铺棉

主材料　针，绗缝线，疏缝线，珠针，水溶笔，直尺，顶针，剪刀，熨斗

辅助材料　彩色绣线，填充棉，40cm 抱枕拉链

1. 前片的制作

1 如图所示准备好前片用的贴布，并将各小块贴布拼接起来。留出 0.7cm 缝份。

2 将 2 块贴布正面相对并对齐后用平针缝缝合。

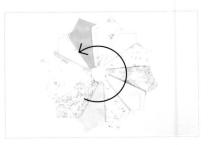

3 将准备好的布块拼接好后，按同一方向将缝份折过去。

4 将拼接好的布块摆放在底布上。

5 将缝份往内折叠，并在底布上用藏针缝缝上贴布。

6 做出中间的圆形。先将边缘平针缝缝一圈，放入较小的圆形纸片，再拉紧线打结。

7 将中心的圆形贴布缝好固定。

8 将其翻过来，并用剪刀在贴布的一边剪出孔，将纸片取出。再贴缝在白色底布上。

9 将前片的边条布先在两侧用回针缝拼接缝好，再将上下缝起来。把缝份往一侧折。

2. 作品完成

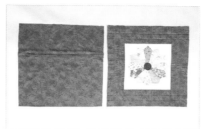

10 将里布（正面向下）、铺棉、表布按照顺序放置好。用大针脚缝一下，再从中心开始进行绗缝。

11 准备绗缝好的前片和安装了拉链的后片（后片的制作方法参照p.107）。

12 将前片放在后片（正面向下）上，用滚边条进行滚边处理（基本技法参照 p.39）。

13 再塞入填充棉，抱枕就完成了。

16 柠檬之星抱枕

难易度 ★★☆☆ 纸型见附录纸型 B

准备材料

布料 2 种块状布料，底部用布，滚边用布，里布，85g（约 3 盎司）铺棉
主材料 针，绗缝线，疏缝线，珠针，水溶笔，直尺，顶针，剪刀，熨斗
辅助材料 35cm 抱枕拉链，填充棉

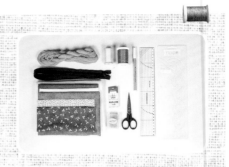

1. 前片的制作

1 将做柠檬之星用的小布块留出 0.7cm 缝份后进行裁剪，并如图所示进行拼接。

2 将其中 2 块正面相对、边缘对齐后用平针缝缝合。同样做出 2 个。

3 将做出来的 2 个继续正面相对、边缘对齐后用平针缝缝合。如此同样再做出 2 个大的布块。

4 再将这 2 个分别由 4 个小布块做成的大布块正面相对、边缘对齐后用平针缝缝合起来。

5 将拼接好的布块背面的缝份朝一个方向折。

6 将正方形布块用珠针固定后，留出 0.7cm 缝份后用平针缝缝合。

7 将柠檬之星放在正方形布块上，并用贴布缝缝合。

8 从两侧开始用平针缝缝合边条，并将上下方的边缘也缝合起来。

9 将缝份如图所示整理后，用熨斗进行熨烫。

2. 作品完成

10 将里布（正面向下）、铺棉、表布（正面向上）按照顺序叠放。用大针脚缝一下，再从中心开始进行绗缝。

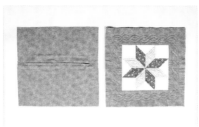

11 准备绗缝好的前片和安装了拉链的后片（后片的制作方法参照p.107）。

12 将绗缝好的前片和安装了拉链的后片反面相对叠放，四周用珠针进行固定。

13 在由边缘往内0.7cm处画出完成线，用大针脚将四周缝一圈。

14-1 边缘缝份用滚边条进行滚边处理。四个角要缝得有棱有角。

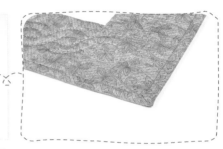

14-2 基本技法参照p.39。

15 再放入填充棉，柠檬之星抱枕就完成了。

17
扇子抱枕

金润敬 制作

17 扇子抱枕

难易度 ★★★★☆　**纸型见附录纸型 B**

准备材料

布料　8 种拼布用块状布料，无花纹布，滚边用布
主材料　针，绗缝线，疏缝线，珠针，水溶笔，直尺，顶针，剪刀，熨斗
辅助材料　35cm 抱枕拉链，填充棉

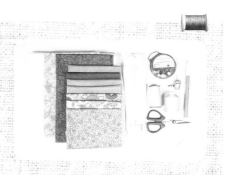

1. 前片的制作

1 准备好如图所示的布块，留出 0.7cm 的缝份，用平针缝拼接起来。

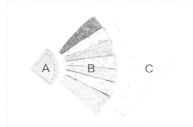

2 准备好 A、C 所用的布料，并按照如图所示位置摆放好。并如图所示在 A、C 布料上画出完成线。

3 使边缘对齐，并将 A 的第一个区间（如图所示 2 个珠针之间的位置）和 B 的第一块拼布用平针缝进行缝合。

4 如图所示，以完成线为基准，用珠针将 A 的第二个区间和 B 的第二块拼布固定后用平针缝进行缝合。

5 用同样的方法将 A 和 B 全部拼接起来，然后将正面朝上放置。

6 将拼接好的 A、B 和 C 如图所示放置。

7 用步骤 3、4 所述方法，将 B 和 C 进行拼接。

8 将其全部拼接完成后，将正面朝上放置。并将缝份按照箭头所指方向进行折叠。

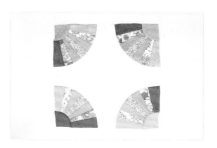

9 用相同的方法做出 4 个扇面布块。

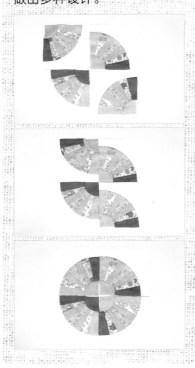

Tip

可以将扇面布块自由组合，
做出多种设计。

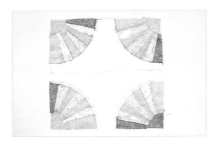

10 首先将 2 个扇面布块进行拼接。

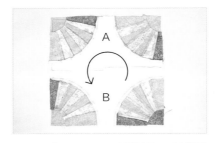

11 将 A 和 B 用平针缝缝好，并将缝
份整理成风车的样子。

2. 枕套的制作

12 准备好边条，按照先左右后上下
的顺序进行拼接。缝份朝边条方
向折叠。

13 将里布（正面向下）、铺棉和表
布（正面向上）按照顺序叠放。
用大针脚缝一下，画出绗缝线。

14 沿着绗缝线进行绗缝。

3. 作品完成

15 准备绗缝好的前片和安装了拉链的后片（后片的制作方法参照 p.107）。

16 前片和后片分别做成 40cm × 40cm 的大小。

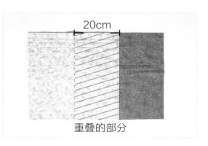

17 将后片正面向上，在距边缘 20cm 的地方摆上前片（反面向上），将边对齐。

18 用和里布相同的布料做出一条滚边条。

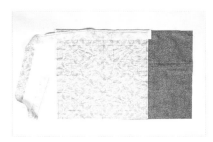

19 从前片开始用平针缝进行滚边（基本技法参照 p.39）。

20 将前片、后片旋转，使得所有的面都错开 20cm，然后用平针缝缝合。

21 这是前片、后片拼接完成后的样子。

22 将滚边条折叠后用藏针缝缝合。

Tip

用处理布料的方法制作出枕套，然后从拉链口处塞入填充棉便完成了。

23 通过拉链口将其翻过来，再放入填充棉就完成了。

实用
包袋

第 4 部分

● 18　交通卡包　● 19　手机套

● 20　零钱口金包　● 21　向日葵眼镜袋

● 22　猫咪弹片口金包　● 23　波尔卡圆点日记本套

● 24　任天堂游戏机包　● 25　拉绳针线口袋

● 26　蝙蝠存折包　● 27　青蛙笔袋

● 28　ABC 笔袋　● 29　疯狂拼布长款钱包

● 30　小木屋包　● 31　迷你花包

交通卡包

宋喜琼 制作

18 交通卡包

难易度 ★★☆☆☆　纸型见附录纸型C

准备材料

布料　4种布料，里布用印染布，85g（约3盎司）铺棉
主材料　针，绗缝线，疏缝线，珠针，水溶笔，直尺，顶针，剪刀
辅助材料　心形纽扣，子母扣

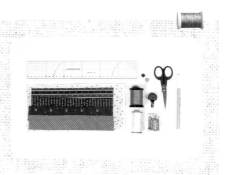

1. 小包的制作

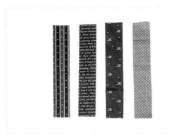

1 如图所示准备4种布料，四周留出0.7cm缝份后裁剪。

2 将4块布用平针缝纵向拼接起来。

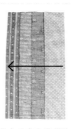

3 这是拼接后的表布反面。将缝份向箭头所指方向进行折叠。

4 将纸型放在背面，并进行绘制。

5 留出0.7cm缝份后裁剪。

6 放上铺棉，再依次在上面放上里布（正面向上）、表布（反面向上），并将边缘对齐。

7 对齐后，剪掉多余的铺棉和里布。

8 用珠针固定后，将虚线部分用平针缝缝合。

9 翻到铺棉面，只将靠近完成线的铺棉缝份剪掉。

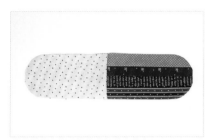

10 以步骤 8 中平针缝的线为基准，将其展开。

11 将铺棉放到中间，将里布和表布对齐后，用珠针固定住。

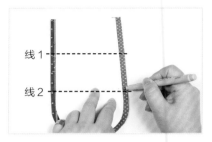

12 再次按照纸型在表面标示出折叠的 2 条线。

13 沿着标示的线 1 将表面折叠好。

14 折叠时将表布和里布边缘对齐。

15 留出返口，将图上标示出的部分用平针缝缝合。

16 翻到背面，将靠近完成线的铺棉缝份剪掉。

17 从返口将其翻过来。

18 将返口用藏针缝缝合，然后对盖子的边缘进行绗缝。还要在拼接布没有缝份的一侧进行绗缝。

2. 作品完成

19 用水溶笔将安装子母扣的位置标示出来。

20 安装上子母扣。

21 在表面把心形纽扣也缝上。

22 大功告成。可以将交通卡、积分卡等放进去，使用起来非常方便。

19

手机套

李贞实 制作

19 手机套

难易度 ★★☆☆☆　纸型见附录纸型 C

准备材料

布料　表布用格子布，里布用印染布，8 种贴布用格子布，57g（约 3 盎司）
胶面铺棉

主材料　针，绗缝线，疏缝线，珠针，水溶笔，直尺，顶针，剪刀

辅助材料　子母扣，皮质提带，2 个 D 形环

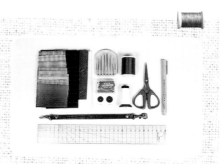

1. 前片的制作

1 在底布上画出图案，按照图案裁剪布料。

2 根据布料上的图案将贴布缝上。

3 做 2 颗包扣（基本技法参照 p.41）。

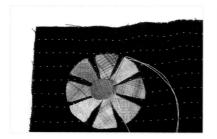

4 将包扣用藏针缝固定在花朵的中间。

5 将两边都用此方法固定包扣。

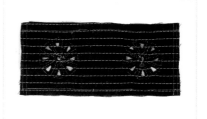

6 只留出背面缝份的部分，然后用剪刀进行挖剪。

121

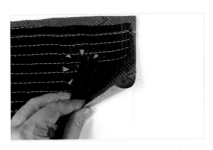

7 放入铺棉，再依次在上面放上里布（正面向上）、表布（反面向上），并将边对齐。

回针缝

8 如图所示用回针缝缝合，之后翻过来。

9 将其对折后，两边用藏针缝缝合。

2. 作品完成

10 做出 4cm×1cm 的布环，将其对折，穿上 D 形环，并用珠针将其固定在布套的边线上。

11 用珠针将手机套开口处的滚边条固定，然后用平针缝缝合。

12 用滚边条对两侧的布环和手机套开口部分进行滚边处理（基本技法参照 p.39）。

13 将其翻过来，在底部两侧角各抓出 1.5cm 总共 3cm 的边，用回针缝缝合（基本技法参照 p.41）。

14 制作搭扣。在布料上铺上 57g（约2 盎司）的胶面铺棉和里布。

15 留出返口，缝合后从返口翻过来，再用藏针缝缝合返口。

16 在搭扣的位置安装上子母扣。

17 再将皮质提带穿到 D 形环上，手
机套便完成了。

20
零钱口金包

丁珉子 制作

21

向日葵眼镜袋

丁珉子 制作

20 零钱口金包

难易度 ★★★☆☆　纸型见附录纸型 C

准备材料

布料　表布用印染布，里布用印染布，8 种拼接用布，85g（约 3 盎司）铺棉
主材料　针，绗缝线，疏缝线，珠针，水溶笔，直尺，顶针，剪刀
辅助材料　口金，红色绣线

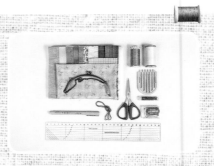

1. 包身的制作

1 如图所示按顺序将贴布缝在前片表布的正面。

2 后片表布也按照顺序缝好贴布。

3 将后片表布放在铺棉上（正面向上），再沿着贴布线和绗缝线进行绗缝。前片表布也用相同的方法制作。

4 用绣线对前、后片表布正面进行装饰，然后根据表布的大小裁剪铺棉。

5 将前片和后片的表布正面相对放置。

6 在铺棉上绘制出距布边 0.7cm 的完成线，然后沿着线用平针缝缝合，再将靠近完成线的多余铺棉剪掉。并在弧线部分用剪刀剪出几个牙口。

7 为了看到正面，将其翻过来。

8 根据纸型的大小裁剪出 2 块里布，并使其正面相对。留出返口，其余部分用平针缝缝合。

9 如图所示将表布放入里布中，并将里布和表布的正面相对。

10 用回针缝将里布和表布缝合在一起。

11 从里布的返口将其翻过来，并用藏针缝缝合返口。

12 将里布放进去，整理出如图所示的样子。

2. 作品完成

13 为了测量出钱包的中心线，如图所示将其对折。

14 用水溶笔画出中心线。

15 对齐中心线，将口金放上去，并从中间开始往两边进行缝纫（口金安装方法参照 p.68、p.69）。

16 从中间往左、往右分别进行缝纫，钱包的模样才不会扭曲。

17 这样口金零钱包便完成了。

 127

21 向日葵眼镜袋

难易度 ★★★☆☆　纸型见附录纸型 C

准备材料

布料　表布用格子布，里布用印染布，5 种拼接用布料，85g（约 3 盎司）铺棉

主材料　针，绗缝线，疏缝线，珠针，水溶笔，直尺，顶针，剪刀

辅助材料　子母扣，七星瓢虫形纽扣，9 个串珠，黄色绣线，彩色绣线

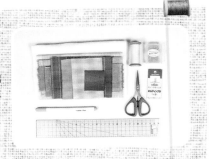

1. 袋身的制作

1 准备好如图所示的底布、贴布。

2 按照顺序缝好贴布。

3 如图所示，用藏针缝将底布固定，并将缝份往内折。

4 将铺棉、表布和里布（表布和里布正面相对）按照顺序叠放。留出返口，其余部分用回针缝缝合。

5 从返口处将其翻过来，并用藏针缝缝合返口。

6 按照纸型画出绗缝线后，疏缝一下，再进行绗缝。

返口

7 按照纸型画出花瓣，除返口外用平针缝缝合后，翻过来。

8 用相同的方法制作出 2 片长花瓣，7 片小花瓣。

9 将花瓣固定在茎部的上面，花瓣的中间使用黄色绣线用轮廓绣绣好。

10 花瓣中间的贴布用藏针缝缝合，其上面的花纹用轮廓绣绣好。并将串珠安装在花瓣上。

11 在花的上、下面都绣出花纹，并沿着绗缝线对下端进行绗缝。

2. 作品完成

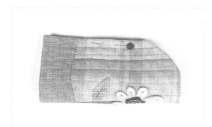

12 将袋身对折，在里布和表布的直线部分进行 2 次藏针缝。

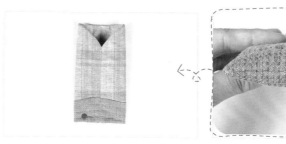

13 底部也往里布和表布一侧进行 2 次藏针缝。

14 通过袋口将其翻过来，将底部的两侧角折出三角形后，使底部的宽度为 2cm，然后用回针缝缝纫（基本技法参照 p.41）。

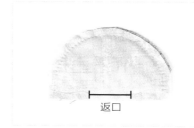

返口

15 将做盖子用的铺棉、表布、里布（表布和里布正面相对）按照顺序叠放。留出返口，其余部分用回针缝缝合。

16 将其翻过来后用藏针缝缝合返口，并在靠近边缘位置进行绗缝。

17 如图所示放置，在里布和表布的位置进行 2 次藏针缝。

18 在盖子的中间和其相对的地方安装上子母扣。

19 再在前片花的一边安上可爱的七星瓢虫形纽扣，作品就完成了。

22
猫咪弹片口金包

李贞实 制作

22 猫咪弹片口金包

难易度 ★★★☆☆　纸型见附录纸型 C

准备材料

布料　3 种表布用直角格子布，里布用印染布，85g（约 3 盎司）铺棉
主材料　针，绗缝线，疏缝线，珠针，水溶笔，直尺，顶针，剪刀，熨斗
辅助材料　心形装饰纽扣，米色绣线，10cm 弹片口金，热消笔

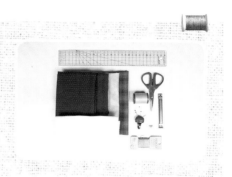

1. 前、后片的制作

1 如图所示准备好制作前片表布用的布块。做 1 只耳朵要用到 2 片布块，2 只耳朵应准备 4 片布块。

2 如图所示准备好制作后片表布用的布块。

3 将 2 片耳朵布块正面相对，留出返口后，用回针缝缝合。

4 在凸出的部分用剪刀进行修剪。

5 从返口处翻过来。另一只耳朵也用相同的方法制作。

6 将 2 只耳朵如图所示用珠针固定在前片表布的上方。

7 再正面相对放上另一片前片表布，用平针缝缝合。

8 缝完后，全都展开用熨斗进行熨烫。

9 在包包开口布的两侧折出缝份后用平针缝缝合。这时要塞上弹片口金。

10 横着对折后用熨斗熨烫。

11 将开口布放在前片表布上部边缘，并用珠针固定。

Tip

开口布边缘要比前面的完成线向内缩0.1cm，这样做出来才自然好看。

12 将铺棉、里布和表布（表布和里布的正面相对）按照顺序叠放。

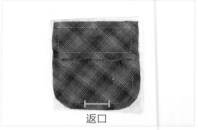

返口

13 留出返口，沿着完成线用平针缝缝合。

14 后片也用相同的方法，制作出安装弹片口金的开口布并固定住。

15 将铺棉、里布和表布（表布和里布的正面相对）按照顺序叠放。留出返口后用平针缝缝合。

16 根据布块的大小裁剪出前、后片的里布。将铺棉沿着完成线进行裁剪。

17 从返口处将前、后片翻过来，并用藏针缝缝合返口。

18 用热消笔绘制出小猫的脸和小鱼。

19 用绣线沿着画出的线进行轮廓绣。

2. 作品完成

20 安装上心形纽扣，作为小猫的鼻子。

21 除返口外，剩余部分用藏针缝将前、后片表布缝合。

22 翻过来，里布也用藏针缝缝合。

23 将弹片口金插入开口布。

24 插入时，要将弹片口金的两端露出来。

25 在弹片口金两端插入螺钉。

26 猫咪弹片口金包便完成了。

23
波尔卡圆点日记本套

丁珉子 制作

任天堂游戏机包

李贞实 制作

23 波尔卡圆点日记本套

难易度 ★★★☆☆ 纸型见附录纸型 C

准备材料

布料 表布用直角布料，15 种拼布用格子布和印染布，里布用印染布，85g（约 3 盎司）铺棉

主材料 针，绗缝线，疏缝线，珠针，水溶笔，直尺，顶针，剪刀，熨斗

辅助材料 日记本用塑料卡包内页

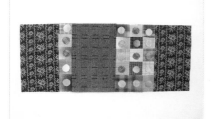

1 在准备好的布料上缝上圆形贴布后，再如图所示进行拼接。

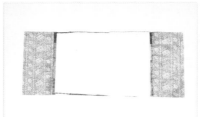

2 将其翻过来，留出两侧，只在中间部分放上铺棉，并用大针脚疏缝。

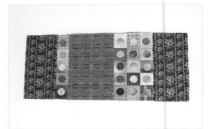

3 这是用大针脚疏缝后正面的样子。

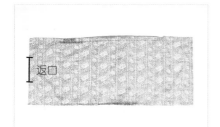

返口

4 将表布和里布的正面相对放置，除返口外用平针缝缝合。

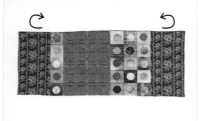

5 从返口处将其翻过来，并沿着图案进行绗缝。两侧要往内侧进行折叠并固定。

6 对齐返口的部分，用藏针缝缝合。

7 这是两侧用藏针缝缝合后的样子。

8 将日记本的塑料封皮放入布料两侧的小口袋里。

9 波尔卡圆点日记本套就完成了。

24 任天堂游戏机包

难易度 ★★★★☆　纸型见附录纸型 C

准备材料

布料　表布用格子布，8 种拼布用布，里布用印染布，滚边条用布，双面胶黏合衬

主材料　针，绗缝线，疏缝线，珠针，水溶笔，直尺，顶针，剪刀，熨斗

辅助材料　35cm 拉链，蓝色绣线，5 颗装饰用纽扣

1. 包身的制作

1 如图所示准备好表布，并按照纸型画出房屋和树木。

2 按照纸型标示出来的号码，对贴布进行缝合。

3 这是按顺序完成贴布缝后的样子。

4 留出缝份，用剪刀挖去贴布背面的表布部分。

5 将里布（正面向下）、铺棉、表布（正面向上）按照顺序叠放，并用大针脚疏缝。

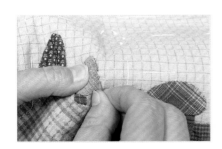

6 对有贴布的地方全部进行绗缝。

7 文字使用轮廓绣，烟囱的烟气用平针绣，然后安上装饰用纽扣。

8 然后根据表布大小对四周进行修剪。

2. 作品完成

里布折叠
的位置

9 按照 18cm × 18cm 的大小裁剪出内兜布，在两面放上双面胶黏合衬后，对折。

10 在里布上抓出内兜的位置，并用珠针进行固定。根据表布的大小进行裁剪。

11 再将里布（正面向下）、表布（正面向上）叠放，用滚边条对边缘进行滚边处理。

12 对折，标示出安装拉链的中心。

13 如图所示将拉链放上后用大针脚疏缝固定。

14 将滚边条往内侧折叠，和拉链一起用藏针缝缝合。

15 用滚边条包住拉链末端后，剪掉多余的部分，并用珠针固定，然后用藏针缝缝合。

16 任天堂游戏机包便完成了。

25
拉绳针线口袋

宋喜琼 制作

25 拉绳针线口袋

难易度 ★★☆☆☆　纸型见附录纸型 C

准备材料

布料　2 种布料

主材料　针，绗缝线，疏缝线，珠针，水溶笔，直尺，顶针，剪刀，熨斗

辅助材料　130cm 长的松紧绳，填充棉，塑料垫板

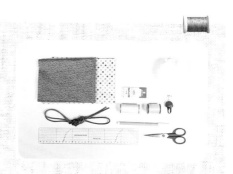

1. 口袋的制作

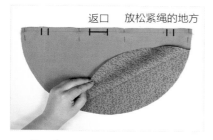

返口　放松紧绳的地方

1 将 2 块半圆形布块的里布正面相对叠放，除如图所示要放松紧绳的 2 处地方和 1 个返口外，全部用平针缝缝合。

2 缝好后，将缝份沿着缝线进行熨烫。

3 裁剪出表布，并将表布放在里布下面，正面相对对齐，然后用珠针固定。

4 用平针缝缝一圈后，再用剪刀剪出几个牙口。

5 从返口处将其翻过来，并用熨斗熨平。

6 在距离边缘 0.3cm 的内侧绗缝一圈。按照纸型，把要穿入松紧绳的洞也绗缝 2 圈。

7 再将 2 块小半圆形布块的正面相对重叠后，对其边缘用平针缝缝合。用剪刀剪出几个牙口。

8 轻轻抓起小圆布块的背面，裁剪出5cm 左右的一道小口。

9 从小口将其翻过来，做好小圆。

10 将大圆和小圆重叠后，按照纸型用绗缝将小圆分为八等份。

11 将松紧绳穿入洞中转一圈，并将其拉出来。对另一边的洞做同样的动作。

12 裁剪出 1 块圆形布块，将四周平针缝后拉紧线。

13 在其中塞入适当的填充棉，放入塑料垫板，然后打结。

14 将其用藏针缝固定在小圆的中心位置。

2. 制作郁金香，作品完成

15 裁剪出 8cm×8cm 的布块，将其正面相对对齐后对折，再画出 0.5cm 的完成线，并用平针缝缝合。

16 将缝份横向对折。

17 从一头的开口处将其翻出来，做出圆筒的样子。

18 将还没有处理的缝份，用间隔 0.5cm 的平针缝缝一圈。记住不要打结。

19 将束起来的松紧绳插入圆筒中并拉紧线。然后和带子一起多次缝纫以固定。做出郁金香。

20 为了将松紧绳的末端和缝份藏起来，将郁金香翻过来。

21 放入适量的填充棉。

22 将郁金香的两端分成四等份，并缝上几个针脚以固定。另一侧也一样。

23 拉紧绳子的两端，口袋开口就能合起来。作品完成。

24 将针线放入这个可爱的针线包保管，是绝对不会丢失的。

26
蝙蝠存折包

李贞实 制作

27 青蛙笔袋

宋喜琼 制作

26 蝙蝠存折包

难易度 ★★★☆☆　纸型见附录纸型 C

准备材料

布料　3 种 azumino 布料，里布用印染布，85g（约 3 盎司）铺棉，双面胶黏合衬

主材料　针，绗缝线，疏缝线，珠针，水溶笔，直尺，顶针，剪刀，熨斗

辅助材料　彩色绣线，水溶性复印纸，存折用塑料卡包内页，自动铅笔，热消笔

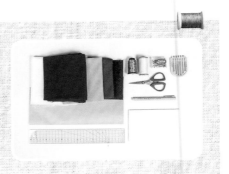

1 如图所示准备好前片表布的贴布。

2 如图所示也准备好后片表布的贴布。

Tip

在 azumino 布料上用水溶笔的话，可能会变色，所以最好使用自动铅笔或者是热消笔。

3 根据纸型，将前、后片表布的贴布做好。

4 将完成的贴布放在表布上，并进行缝合。

5 绘制出绗缝线。

6 按照里布（反面向上）、铺棉、表布（正面向上）的顺序叠放，并用大针脚疏缝。

7 沿着绗缝线进行绗缝后，四周用剪刀修剪整齐。

8 将内兜用布背面相对对折，将双面胶黏合衬放进去。

9 用熨斗进行熨烫，使其粘在一起。用
同样的方法制作出 2 个内兜。

10 将做出来的 2 个内兜放在里布的
两侧，并用珠针固定。

11 将滚边条放在表布上（正面相
对），并用平针缝缝合（基本技
法参照 p.39）。

12 将滚边条往内侧折叠，并用藏针
缝进行最后的处理。

13 对折后，放入卡包内页，存折包
便完成了。

14 存折包上的蝙蝠寓意金钱运，祝
大家都成为有钱人！

27 青蛙笔袋

难易度 ★★☆☆☆   纸型见附录纸型 D

准备材料

布料 3 种表布用印染布，里布用印花布，85g（约 3 盎司）铺棉

主材料 针，绗缝线，疏缝线，珠针，水溶笔，直尺，顶针，剪刀

辅助材料 25cm 拉链，绿色绣线，4 颗纽扣（黑色、白色各 2 颗），贴布用骨笔，返里钳

1. 袋身的制作

1 如图所示准备好表布布块。

2 再准备好青蛙的脸和腿的布块。

3 将青蛙的脸用骨笔沿着缝份线折叠后，用珠针固定在表布上。

4 将表布和青蛙的脸用藏针缝缝合。

5 制作出前片和后片表布。

6 将青蛙的腿的布块正面相对后，用珠针固定。

7 除直线部分外，都用平针缝缝合。

8 用剪刀在凹进去的地方剪出几个牙口。

9 利用返里钳将其从直线部分翻过来。

10 将青蛙的腿如图摆放。对这3块布块进行拼接。

11 首先将前片表布和底部表布的正面相对后，沿着完成线用平针缝缝合。

12 在拼接了前片表布的底部上，再拼接后片表布。

13 如图所示裁剪出圆形布块，用平针缝缝合边缘，拉紧线，制作出蝌蚪。

14 在如图所示底部位置上，将蝌蚪用藏针缝缝上去。

15 翻过来，在缝上贴布的地方留出缝份，用剪刀进行修剪。

16 铺上铺棉，将完成的表布放上去。

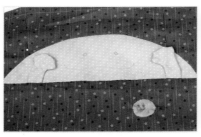

17 用水溶笔将青蛙和蝌蚪的眼睛、嘴巴画出来。

18 嘴巴用轮廓绣绣好。

19 用线填满眼睛内部，这样做出来的眼睛才好看。

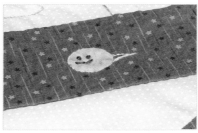

20 蝌蚪的眼睛用法式结粒绣绣好，嘴巴和尾巴用轮廓绣绣好。

21 表情就完成了。

22 在作为青蛙眼睛的黑色纽扣上，用丙烯颜料点上2个点。

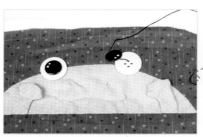

23-1 安装时将白色纽扣和黑色纽扣重叠在一起。

23-2 把重叠的纽扣（眼睛）缝好。

2. 作品完成

24 将里布的正面朝下铺平，再在上面放上表布。

25 用大针脚进行疏缝后，将四边对齐后剪掉多余部分。

26 按照纸型，绗缝出一个圆。

27 用滚边条和半回针缝进行滚边处理（基本技法参考 p.39）。

28 将滚边条往内侧折叠，并用藏针缝进行最后的整理。

29 标示出拉链和笔袋的中心位置。

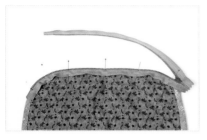

30 将标示出的中心位置对齐后，用珠针固定。

31 用半回针缝将拉链缝上去。

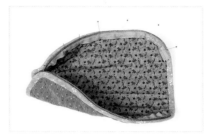

32 另一边也用相同的方法将拉链缝上去。

33 这是两边都缝上拉链后的样子。

34 在内侧将拉链布用人字绣进行处理。

35 没有安装拉链的部分，用卷针缝缝合。

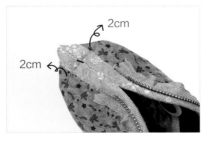

36 将底部做成 4cm 宽后，用半回针缝缝合，再翻过来（基本技法参考 p.41）。

37 这样青蛙笔袋就完成了。

28
ABC 笔袋

丁珉子 制作

28 ABC 笔袋

难易度 ★★★☆☆ 纸型见附录纸型 D

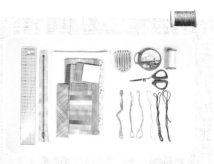

准备材料

布料 3 种 azumino 布料，8 种拼接用印染布，里布用印染布，85g（约 3 盎司）铺棉

主材料 针，绗缝线，疏缝线，珠针，水溶笔，直尺，顶针，剪刀，熨斗

辅助材料 复印纸，彩色绣线多种，3 个串珠，25cm 拉链

1. 袋身表布的制作

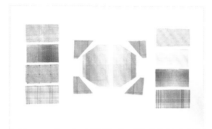

1 如图所示，准备好各种样式的布块。并留出 0.7cm 的缝份。

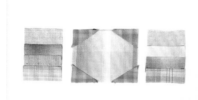

2 按照顺序用平针缝拼接好布块。

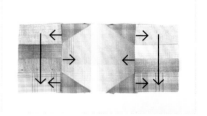

3 将拼接好的 3 块布块再次进行拼接，将缝份按照箭头所指方向折叠。

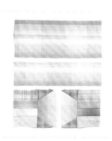

4 将前片表布、底布表布、后片表布按如图所示位置摆好。

5 如图，用水溶笔在后片表布正面把英文字母写出来。

6 按照裙子、脸的顺序，将贴布缝上。

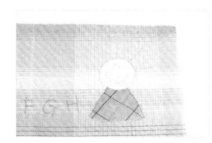

7 在缝好的脸部贴布上，用水溶笔绘制出表情。

8 前片表布也用相同的方法缝上贴布后，画出表情。

9 将其翻过来，在缝上贴布的地方留出缝份，用剪刀进行挖剪。

10 将铺棉、表布按顺序叠放，用大针脚疏缝。

11 将前片、后片小人儿贴布的表情用轮廓绣绣好。

2. 做出侧边，作品完成

返口

12 将侧边的铺棉、里布、表布（表布和里布的正面相对）按照顺序叠放，留出返口，其他部分用半回针缝缝合。

13 将靠近完成线的铺棉缝份剪掉，通过返口将其翻过来，并用藏针缝缝合返口。

14 沿着绗缝线进行绗缝。用相同的方法做出2个。

15 裁剪出袋身的里布，将其正面与表布正面相对，然后用回针缝缝纫两侧。

16 用剪刀将四周修剪整齐，将靠近完成线的铺棉缝份剪掉后，通过开口将其翻过来。

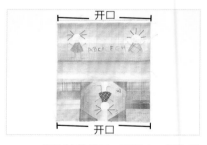

开口

开口

17 画出绗缝线后，和里布一起先用大针脚疏缝后再进行绗缝。

18 将上下的开口用平针缝缝合固定。

19 再用藏针缝将制作好的两侧边固定。

20 在内侧再用藏针缝牢牢地缝一遍。

21 用滚边条对袋口进行滚边处理（基本技法参照 p.39）。

22 将拉链放好，用半回针缝进行固定，底部用人字绣绣好。使用彩色绣线的话会更漂亮。

23 在拉链的末端利用布带将其包住（参考 p.62）。

24 安装好拉链，作品便完成了。

29
疯狂拼布长款钱包

宋喜琼 制作

29 疯狂拼布长款钱包

难易度 ★★★★☆　纸型见附录纸型 C

准备材料

布料　7 种表布用印花布，里布用格子布，滚边条用格子布，85g（约 3 盎司）铺棉

主材料　针，绗缝线，疏缝线，珠针，水溶笔，直尺，顶针，剪刀，熨斗

辅助材料　20cm、40cm 拉链各 1 条，彩色绣线

1. 前、后片的制作

1 如图所示，准备好各种样式的布块。并留出 0.7cm 的缝份。

2-1 按照纸型的号码顺序将布块拼接起来，整理缝份后用熨斗熨烫。

2-2 背面缝份的样子。

3 将表布放在铺棉上，并将拼接布块之间用人字绣进行缝纫。

4 将里布（正面向下）铺好，按照纸型标示进行绗缝。用同样的方法制作另一片。

5 按照表布的大小，将多余的铺棉和里布剪掉。

6 将直线部分用滚边条进行滚边处理（基本技法参考 p.39）。在滚边条之间缝上拉链。

7 在内侧用半回针缝将拉链缝上去。

8 将末端用回针缝缝纫后，将多余部分剪掉。

2. 卡袋的制作

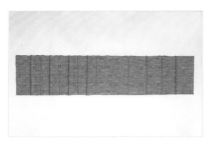

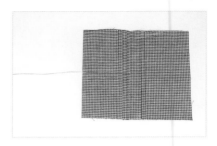

9 如图所示将要放入卡和拉链的地方折叠好。折叠时注意山折线和谷折线。

10 按照长度折叠后，用熨斗进行熨烫。

11 为了做出放卡的间隔，用回针缝缝纫中间部位。

3. 作品完成

12 在钱包表面的内侧放上折叠好的卡袋。

13 将边缘用珠针固定，根据表布的大小剪掉多出的部分。

14 沿着前面的轮廓线用大针脚疏缝一圈后，用滚边条进行滚边处理（基本技法参照 p.39）。

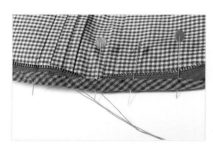

15 将滚边条往内侧折叠，在其中间插入拉链，并用珠针固定。

16 将滚边条和拉链用藏针缝进行缝合。

17 这是完成后的样子。

18 将拉链的末端用包扣包住会更漂亮。

19 内侧可以放卡和纸币。

20 上侧可以放存折或零钱。

21 疯狂拼布长款钱包便完成了。

30
小木屋包

丁珉子 制作

30 小木屋包

难易度 ★★★★☆　纸型见附录纸型 C

准备材料

布料　表布用格子布，13 种拼布用印染布，里布用印染布，85g（约 3 盎司）
铺棉

主材料　针，绗缝线，疏缝线，珠针，水溶笔，直尺，顶针，剪刀，熨斗

辅助材料　2 个 D 形环，25cm 拉链

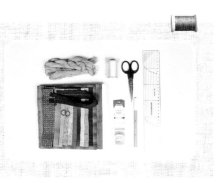

1. 前片和后片的制作

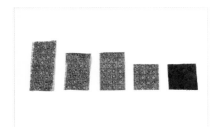

1 如图所示，准备好各种样式的布块。裁剪时留出 0.7cm 的缝份。

2 从小的布块开始，2 块正面相对后用珠针固定。

3 沿着完成线用平针缝缝合后展开。缝份用熨斗进行熨烫。

4 将和展开的布块等长的布块与其正面相对后，沿着完成线用平针缝缝合。

5 用同样的方法在其下方拼接其他布块。

6 以中间红色布块为中心，沿着顺时针方向进行缝纫。

7 做出 12 块这种样式的布块。每 4 块用平针缝缝合在一起，做成 3 组后，再缝合到一起。然后放上铺棉和里布（正面向下）后进行绗缝。根据纸型大小将边缘剪掉。表布前片完成。

8 将里布（正面向下）、铺棉、表布后片按顺序叠放，疏缝后进行绗缝。表布后片完成。

2. 拉链的制作

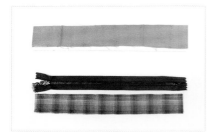

9 如图所示准备拉链和布料。

10 按照铺棉、里布、拉链的顺序放置后，再放上表布（里布和表布的正面相对）。

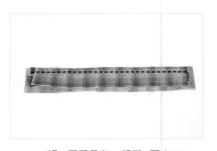

11 将4层重叠在一起后，画出0.7cm缝份线，并用回针缝将其缝合。

12 将其翻过来，将靠近完成线的多余铺棉剪掉。

13 以拉链为中心，折叠表布以使得铺棉位于表布和里布之间。

14 将拉链的另一端也按照铺棉、里布、拉链、表布的顺序放置后，用珠针固定。

15 只将下端线用回针缝缝合，将铺棉的缝份剪掉，折叠表布。

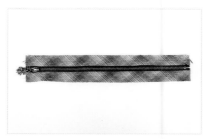

16 疏缝之后进行绗缝，拉链便完成了。

3. 底部的制作

17 裁剪出底部用布，如图所示画出绗缝线。

18 将里布（正面向下）、铺棉、表布顺序叠放，从中间往四周用大针脚疏缝。

19 将底部绗缝之后，如图所示进行裁剪。

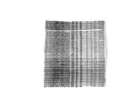

20 如图所示裁剪出装饰布环，画出0.7cm 的完成线。

21 对折，用平针缝缝纫完成线。

22 将缝份处调整到中间横着放，从开口处将其翻过来。

23 将 D 形环穿在装饰布环上。

24 用回针缝将布环固定在底部侧边的中心位置。

25 在两侧将布环固定后的样子。

26 使拉链和底部正面相对，然后抓住它们的一端。

27 两个末端用回针缝进行缝纫。

28 将其连在一起。

29 用滚边条将拉链和底部相连的部分进行滚边处理（基本技法参考 p.39）。

30 将滚边条往底部折叠 2 次。

31 将折叠的滚边条用藏针缝缝在底部。

4. 作品完成

32 按照纸型裁剪出腰部布环用布，将正面相对折叠。

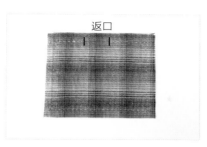

返口

33 除去返口，将其他部分用平针缝缝一圈。

34 沿着完成线，对缝份进行折叠。

35 通过返口将其翻过来。

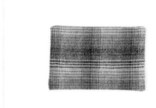

36 用藏针缝将返口缝合。

37 将其如图所示放在后片表布上，用藏针缝缝住上面和下面。这样两边就是相通的了。

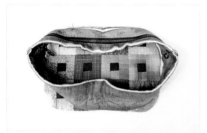

38 如图所示将前片的上下部和拉链与底部的中心线对齐并用珠针固定。使其正面相对。

39 用滚边条进行滚边处理。

40 完成一侧的滚边处理后，在上面放上后片，并用珠针固定。

41 再用滚边条进行滚边处理。

42 再将正面翻过来，小木屋包便完成了。

31

迷你花包

丁珉子 制作

31 迷你花包

难易度 ★★★☆☆ 纸型见附录纸型 D

准备材料

布料 2 种表布用印花布，里布用印染布，113g（约 4 盎司）铺棉

主材料 针，绗缝线，疏缝线，珠针，水溶笔，直尺，顶针，剪刀，熨斗

辅助材料 2 个 D 形环，皮质提手，10 颗纽扣，25cm 拉链

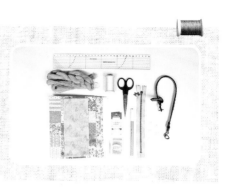

1. 前片、后片和底部的制作

1 将后片所用布块按照铺棉、表布、里布（里布和表布的正面相对）的顺序叠放。

2 底部和前片所用布块也以相同的顺序叠放。

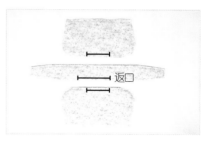

3 如图所示裁剪后，留出返口，沿着完成线用回针缝缝合。

4 将每一片铺棉靠近完成线的多余的部分剪掉。

5 用剪刀在前片和后片的凸出部分剪几个牙口后，翻过来。

6 用 10 颗纽扣做出 10 颗直径为 1.2cm 的包扣（基本技法参照 p.41）。

7 按照纸型标示绗缝前片，提起要安装包扣的位置后，用藏针缝将包扣固定好。

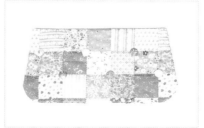

8 把包扣全部都缝上去。

9 再把后片和底部也绗缝好。

10 将前片、后片和底部的里布对齐后，用藏针缝缝合。

11 将其翻过来，再对表布进行一次藏针缝。

12 这是缝好后的模样。

13 裁剪出 3cm×5cm 的装饰布环，对折疏缝后，缝份处调整到中间，将其翻过来。再按此方法制作 1 个。

14 将 D 形环穿上去后，对折。

15 将拉链安装在包包开口处，再将装饰布环缝制在两边（拉链安装方法参考 p.63）。

16 将包扣用藏针缝缝在包包侧部相对的位置，并将连接的装饰布环固定住。

17 将皮质提手挂在布环上，迷你花包便完成了。

改良故事 一
利用边角布料
制作针插

完成作品后看一下，是不是还剩很多小块的布料？

那就用来做成美丽可爱的针插吧。

可以将珠针和针美美地插在上面哦。

暖心
礼物

第 5 部 分

● 32 花样头花
● 33 人偶发卡
● 34 心形 welcome 布圈
● 35 东洋式葡萄酒瓶套
● 36 圣诞节葡萄酒瓶套
● 37 礼物用生子禁绳

32

花样头花

宋喜琼　制作

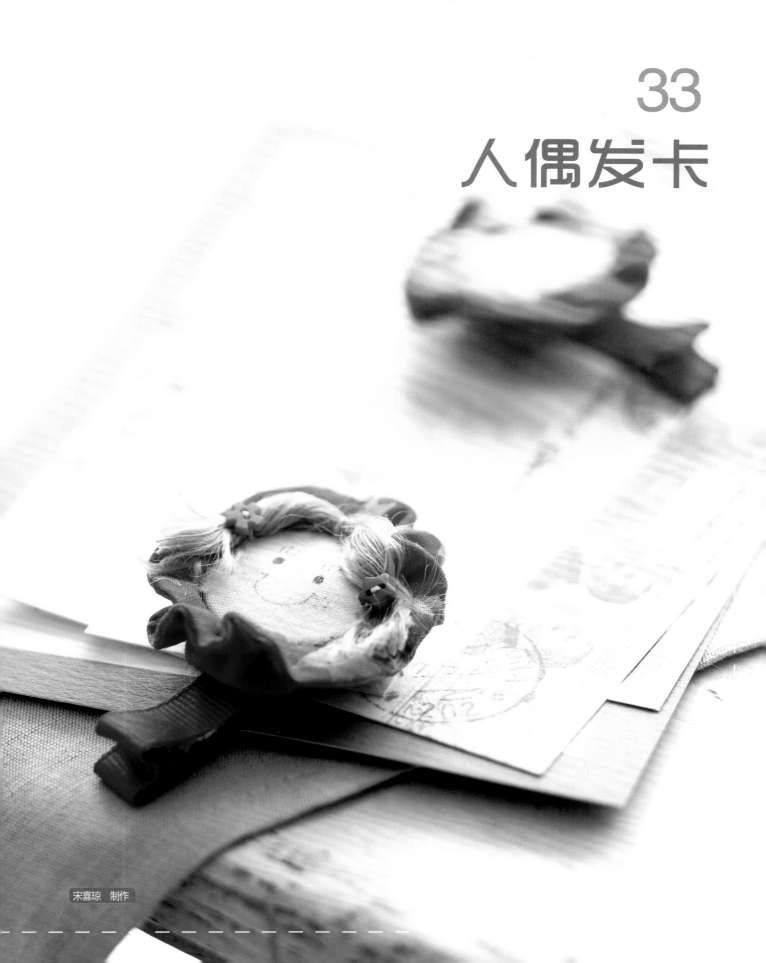

33
人偶发卡

宋喜琼 制作

32 花样头花

难易度 ★☆☆☆☆　纸型略

准备材料

布料　2 种印染布

主材料　针，绗缝线，珠针，水溶笔，直尺，顶针，剪刀

辅助材料　橡皮筋，1 颗纽扣

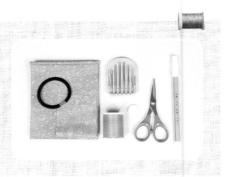

1 裁剪出 7 个直径为 6.5cm 的圆形布块，2 个直径为 4cm 的圆形布块（用不同的布料），1 个边长为 4cm 的正方形布块。

2 将直径为 6.5cm 的圆形布块对折后，再对折。

3 用 0.5cm 双股线在曲线内侧 0.5cm 处进行平针缝。不要剪断线。

4 用相同的方法做出 7 个花瓣，把花瓣用线缝在一起。

5 拉紧线，使其收缩起来，固定两端使其不能散开。完成花瓣。

6 将纽扣放在直径为 4cm 的圆形布块上。往内侧 0.7cm 画出完成线。

7 沿着完成线用平针缝缝好。拉紧线后打结。

8 将包扣用藏针缝缝在做好的花瓣的中间。

9 将另一个直径为 4cm 的圆形布块进行平针缝后，适当拉紧线后打结。

10 将其放在花的背面，遮住杂乱的地方，并用藏针缝缝好。

11 之后将橡皮筋缝在上面。

12 将边长为 4cm 的正方形布料沿三等分线折叠好。

13 然后，再进行上下对折。

14 将折叠好的布块盖在橡皮筋上，并用藏针缝缝合。

15 这样花样头花就完成了。

33 人偶发卡

难易度 ★★☆☆☆   纸型略

准备材料

布料 印染布，无花纹布料（人偶面部用）
主材料 针，绗缝线，珠针，水溶笔，直尺，顶针，剪刀
辅助材料 1 颗包扣用纽扣，2 颗花形纽扣，少许人偶头发，飘带珠针，油性笔（红色、褐色），腮红，毛笔，万能胶

1 如图裁剪出 1 个直径为 6cm 的无花纹圆形布块（面部用），2 个直径为 8cm 的圆形印染布块（帽子用）。

2 在面部布块上放入直径为 2.8cm 的纽扣，缝边拉紧线后打结。

3 将人偶头发固定在面部。

4 将 2 个帽子用布块反面相对对齐重叠后，沿着距离边缘 0.5cm 处缝一圈。

5 只拿起其中一个，剪出 2cm 左右的小口，通过小口将其翻过来。

6 在距离轮廓线 0.7cm 的内侧间隔 0.5cm 进行平针缝，然后拉紧线。

7 将帽子放在面部后，并用藏针缝进行固定。

8 在头发两侧缝上 2 颗花形纽扣。

9 用笔画出面部表情，再画上腮红。

10 在发夹上涂上万能胶，并将其粘在人偶的背面。

11 人偶发卡便完成了。用不同的颜色多做几个吧。

34
心形 welcome 布圈

宋喜琼 制作

34 心形 welcome 布圈

难易度 ★ ★ ☆ ☆ ☆　纸型见附录纸型 D

准备材料

布料　白色无花纹布，条纹布，16 种印花布，1 种连衣裙用布，85g（约 3 盎司）铺棉

主材料　针，绗缝线，珠针，水溶笔，直尺，顶针，剪刀，熨斗

辅助材料　填充棉，红色绣线，天使头发，树枝圈，闪亮的绳子，鱼线，油性笔，腮红，锯齿剪刀

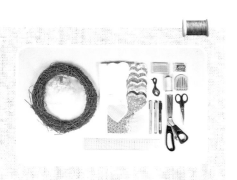

1. 天使和心的制作

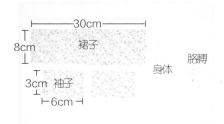

1 如图所示在布料上画出 1 个裙子、2 个裙子的袖子、2 个身体、4 个胳膊，裙子和袖子用布各留出 0.7cm 的缝份，身体和胳膊用布留出 0.5cm 的缝份，然后裁剪。

2 将 2 个身体用布、4 个胳膊用布各自正面相对并留出返口，用平针缝缝合。

3 在弯曲部分剪出几个牙口后，将其翻过来。放进填充棉后再用藏针缝缝合返口。

4 将连衣裙布料的正面相对对折后，用平针缝缝合，并且横向进行熨烫。袖子的做法相同。

5 将袖子翻过来，将上部边缘往内折叠 0.5cm 后，缝一圈后拉紧线，再打结。

6 将袖子的下端也用相同的方法缝纫，放入完成的部分，将胳膊处抓出皱褶后打结。用同样的方法制作出 2 个。

7 将连衣裙翻过来，将下侧往里折 0.5cm 后用平针缝缝合。上面也用相同的方法制作，但是不要打结。

8 抽出适当的皱褶后，将连衣裙穿在天使身上并缝上几针以牢牢地固定住。

9 将做好的胳膊拼接到身体上。

10 用油性笔画出天使的表情,再画上腮红。

11 用长针在头的中间由前往后穿过几次以使天使头发固定。

12 在花纹布料和白色布料上绘制心形后,用锯齿剪刀进行裁剪。

13 将 2 个心形重叠,往内侧 0.7cm 处用平针缝缝合,但留出 2~3cm 的返口,塞进填充棉后,再将其缝合。做出 16 个这样的心形。

2. welcome 装饰布条的制作

14 准备 2 块白布条和 1 块铺棉。

15 将 1 块白布条放在铺棉上,并用双股线进行刺绣。

16 在绣了 welcome 字样的白布条上,再放一块白布条(正面相对),留出返口进行缝纫。

17 在缝份的弯曲部分用剪刀进行修剪,将多余的铺棉剪掉,再将其翻过来,然后用藏针缝缝合返口。

18 在距离边缘 0.5cm 的地方用红色绣线进行平针绣。

3. 作品完成

19 利用鱼线将心形均匀地固定在树枝圈上。

20 将天使的腿固定在树枝圈的中间。

21 将 welcome 装饰布条固定上去，再在中间安上绳环。

22 心形 welcome 布圈便完成了。来见见这个害羞的天使吧。

35
东洋式葡萄酒瓶套

李贞实 制作

36

圣诞节葡萄酒瓶套

李贞实 制作

35 东洋式葡萄酒瓶套

难易度 ★★★☆☆　纸型见附录纸型 D

准备材料

布料　3 种 azumino 布料，里布用印染布，铺棉
主材料　针，绗缝线，疏缝线，珠针，水溶笔，直尺，顶针，剪刀，熨斗
辅助材料　彩色绣线，天鹅绒飘带，自动铅笔

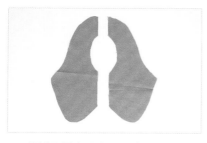

1 将纸型图案画在底部布料上，留出 0.7cm 缝份后裁剪。

2 只将身体的部分用平针缝缝合。环的部分不要缝。

3 准备好如图所示的贴布。留出 0.7cm 的缝份后裁剪。

Tip

用水溶笔在 azumino 布料上绘制时，会有变色的忧虑，还是用自动铅笔比较好。

4 如图所示进行粘贴。

5 将完成的贴布缝制在底部布料的正面，再如图所示画出要进行绣花的图案。

6 在表布的两侧用珠针固定天鹅绒飘带。

7 将铺棉、里布、表布（表布和里布正面相对）按照顺序叠放，留出返口，其他部分用平针缝缝合。

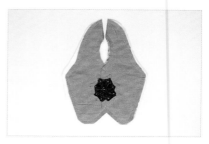

8 将贴布的背面留出少许缝份后，用剪刀进行挖剪。

9 靠近完成线剪掉铺棉的缝份。

藏针缝

10 通过返口将其翻过来后，用藏针缝缝合。

11 将上面的环拼接好后，用藏针缝缝合。

12 用绣线进行轮廓绣，在距离边缘 0.5cm 的内侧进行绗缝。

13 终于完成了。这是用在酒瓶上的酒瓶套正面。

14 这是用天鹅绒绑住的酒瓶套背面，果然是很漂亮的吧。

36 圣诞节葡萄酒瓶套

难易度 ★★☆☆☆　纸型见附录纸型 D

准备材料

布料　圣诞节格子布，红色无花纹布，3 种叶子用绿色布料
主材料　针，绗缝线，珠针，水溶笔，直尺，顶针，剪刀
辅助材料　贡缎飘带，绿色绣线，饰针，锯齿剪刀，万能胶，小球

1 将格子布按照 38cm×32cm 的大小进行裁剪。四边用锯齿剪刀进行修剪。

Tip

将四周用锯齿剪刀进行修剪的话，会减少线条散开的状况。

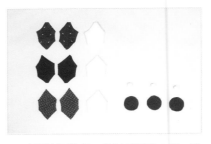

2 如图所示准备 3 种叶子用布 6 块、铺棉 3 块、果实用布 3 块。

3 在底部铺上铺棉，将同样布料的 2 块叶子用布正面相对并对齐后留出返口，用平针缝缝合。

4 按照缝份的大小剪掉多余的铺棉。

5 通过返口翻到正面后，用藏针缝缝合返口。

6 用绣线绣出叶脉。

7 用平针缝缝好红色无花纹布的四周后，放入小球，拉紧线再打结。

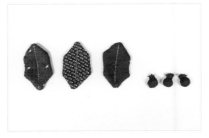

8 用以上所示方法，做出 3 片叶片、3 个果实。

9 将 3 个果实放在一起，用针线进行固定。

10 将叶片放置在适当位置后，用针线将其与果实缝合在一起。

11 在饰针的背面涂上万能胶，将叶子背面粘贴上去。

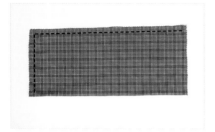

12 将格子布对折做成 38cm × 16cm 后，对下侧进行平针缝。

13 如图所示，在底部画出 8cm 的线。

14 底部两侧都缝 8cm。

15 将其翻过来后，就做出底部了。

16 顶部开口用贡缎飘带绑起来，再将做好的果实饰针安置在前面，酒瓶套就完成了。

37
礼物用生子禁绳

宋喜琼 制作

37 礼物用生子禁绳

难易度 ★ ☆ ☆ ☆ ☆   纸型见附录纸型 D

准备材料

布料　红色、绿色无花纹布

主材料　针，绗缝线，珠针，水溶笔，直尺，顶针，剪刀

辅助材料　填充棉，绿色胶带包裹的铁丝，木炭，麻绳，布料用胶水，锥子

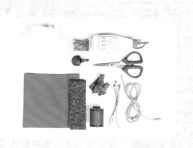

1 如图所示准备 5 块辣椒用布，5 块辣椒把儿用布。留出 0.5cm 缝份后裁剪。

2 在辣椒用布一侧边缘内 0.5cm 画出完成线。

3 对折后，沿完成线用平针缝缝合。

4 从开口处翻过来，放入填充棉，缝好开口。

5 在辣椒底部涂上胶水后粘贴上辣椒把儿。

6 裁出约 10cm 铁丝，并将其末端用锥子卷几下。

7 用锥子在辣椒把儿中心戳出一个孔儿。

8 将铁丝从小孔往里插。要插到深处。

9 用手使其弯曲，以做出自然的辣椒的样子。

10 将麻绳伸开，系上辣椒，再空出适当距离系上木炭。

11 将适量的辣椒和木炭系在麻绳上，作品就完成了。作为孩子的出生礼物用是非常棒的哦。

禁绳的由来

禁绳，用草往左搓成的绳子，具有驱逐恶鬼咒术的禁忌标示。在韩国，人们常在孩子出生时将禁绳挂在门前，希望得到驱逐杂病的效果。孩子是男孩的话就在禁绳上系上红辣椒和炭块，是女孩的话就系上炭块和松枝。禁绳一般要悬挂21天。

改良故事 二
利用纸板
制作熨烫板

1 按照布料、铺棉、纸板的顺序重叠放置。裁剪时，铺棉的宽要比纸板多出0.5cm，布料的四周比纸板多出5cm。

2 利用固体胶将纸板和布料粘起来。

3 将四角部分折成三角再粘贴的话会更漂亮。

4 用布料将纸板的四周全都包起来后粘贴。

5 准备好纱布，按照纸板的大小进行裁剪后，用固体胶粘贴上去。

6 完成的纸板背面就可以作为熨烫板使用了。

7 纱布的一面可以在绘制图案时使用，因为有摩擦力，布料就不会乱跑，从而可以准确地绘制图案。

Tip

为防掉落，中间部分的纱布也要进行粘贴。

时尚
服饰

第 6 部分

● 38 花样胸花
● 39 花蕾帽子
● 40 小木屋马甲
● 41 毛织拼布马甲
● 42 单色围巾
● 43 yo-yo 围巾

38
花样胸花

李贞实 制作

花蕾帽子

宋喜琼 制作

38 花样胸花

难易度 ★☆☆☆☆　纸型略

准备材料

布料　2种毛织布料
主材料　针，绗缝线，顶针，剪刀，直尺
辅助材料　胸针，包扣，锯齿剪刀

1 画出直径为 8cm 的圆，用锯齿剪刀进行裁剪。不留缝份，做出 6 个圆形布块。

2 将圆形布块对折，再 3 等分进行折叠。

3 做出花瓣的样子，用针线对末端进行固定。

4 不要剪断线，接着拼接下一个花瓣。

5 将 6 个花瓣都拼接在一起。

6 最后一个和第一个花瓣用针线牢牢地缝住。

7 花瓣便完成了。

8 制作直径为 2cm 的包扣（基本技法参照 p.41）。

9 将包扣放在花瓣的中央，并用藏针缝
固定。

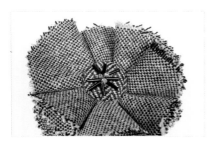

10 还可在包扣上缝上各种串珠，将
会更漂亮。

11 在背面缝上胸针。

12 利用多种布料可制作出五颜六色
的花样胸针。

39 花蕾帽子

难易度 ★★☆☆☆　纸型见附录纸型 D

准备材料

布料　2 种格子布，黏合衬
主材料　针，绗缝线，珠针，水溶笔，直尺；顶针；剪刀；熨斗
辅助材料　粉红色绣线

1. 帽身的制作

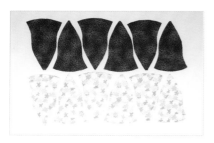

1 如图所示准备 6 块里布、6 块表布，各留出 0.7cm 缝份后裁剪。

2 在表布的内侧，用熨斗粘贴上没有缝份的黏合衬。

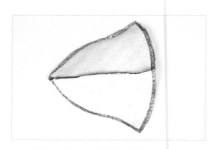

3 然后 2 块 2 块地用针线拼接起来。

4 将 6 块布料全部拼接起来，只留出一个返口。

5 在弯曲的部分，用剪刀剪出几个牙口。

6 将缝份沿着箭头所指方向进行折叠，并熨平。

2. 作品完成

7 将里布也用相同的方法，每2块进行拼接，将6块布料都拼接起来。但是里布不要留返口。

8 也在弯曲的部分用剪刀剪出几个牙口。将缝份沿着与表布相反的方向进行折叠并熨平。

9 将表布和里布正面相对，对齐缝份。

10 将四周沿着完成线进行缝合。

11 从返口处翻至正面，用藏针缝缝合返口。

12 再用2股粉红色绣线对四周进行绗缝。

13 帽子便完成了。

14 内侧也可以翻到外面用，是非常实用的。

40
小木屋马甲

金润敬 制作

41

毛织拼布马甲

金润敬 制作

40 小木屋马甲

难易度 ★★★☆☆　纸型见附录纸型 D

准备材料

布料　4 种真丝布料，里布用无花纹布，黏合衬
主材料　针，绗缝线，疏缝线，珠针，水溶笔，直尺，顶针，剪刀，熨斗
辅助材料　2 颗黑色皮质纽扣，缝份用骨笔

1. 小木屋的制作

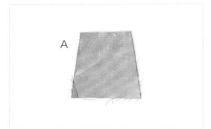

1 准备不规则的四边形（A）布块。

2 如图所示，准备宽度为 3cm 的边条，留出 0.7cm 的缝份后裁剪。

3 将其与 A 用针线拼接起来。

4 将缝份折起来后，用骨笔进行按压。

5 按照四边形布块的大小对边条进行裁剪。

6 用相同的方法将 A 的其他边也缝上边条。

7 将缝份折叠后进行裁剪。

8 沿着逆时针方向将 A 布块四周都缝上边条。

9 制作出其他颜色的边条，然后从第一个开始拼接的边条开始，再次进行拼接。

10 如图所示反复进行拼接。做出约20cm×20cm 大小的拼接布块。

11 做出 3 块这样的拼接布块。

12 如图所示画出十字。

13 在 3 块布块上沿着十字进行裁剪。

14 将裁出的小布块进行组合，再次做出新的拼接布块（4 块做出一块新的拼接布块，2 块做出另外一块新的拼接布块）。

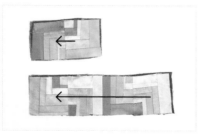

15 将小布块拼接好后，将缝份沿着箭头方向进行折叠，用熨斗粘贴上黏合衬。

16 裁剪出马甲的后片用布，粘贴上黏合衬，再如图所示画出图案。

17 然后进行裁剪，裁剪时要注意缝份的部分。

2. 作品完成

18 按照后片的图案，裁剪出相应的后片布块。

19 将布 a 和布 a'、布 b 和布 b' 分别拼接好后，再将布 aa' 和布 bb' 连接起来，后片就完成了。

20 同样将前片裁剪出来。

21 用平针缝拼接。

22 裁剪出与前片同样大小的里布。

Tip

在布料上绘制图案时，如图所示沿着一个方向进行绘制。如果沿马甲的相反方向裁剪的话，可能会走样。

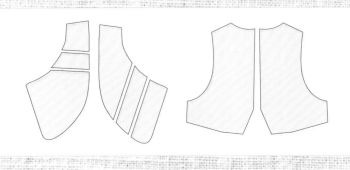

23 裁剪出后片的里布。

24 将马甲表布相拼接。

25 之后横着进行熨烫。

26 里布也用相同方法将肩膀拼接。

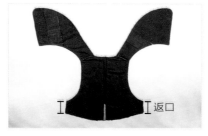

27 将里布和表布的正面相对对齐，在肋下留出返口，对其余部分进行缝合。

Tip

所有的马甲布块都要留出肋下返口。

28 通过返口将其翻过来，用藏针缝缝合返口。

29 这是小木屋帅气的后片。

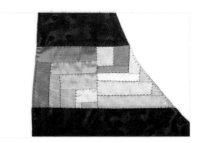

30 小木屋拼布部分用压线绗缝。

31 将马甲的四周压线绗缝后，安上漂亮的皮质纽扣。

32 小木屋马甲便完成了。

41 毛织拼布马甲

难易度 ★★★☆☆　纸型见附录纸型 A

准备材料

布料　10 种毛织格子布，里布用绒布，黏合衬，57g（约 2 盎司）铺棉

主材料　针，绗缝线，疏缝线，珠针，水溶笔，直尺，顶针，剪刀，熨斗

辅助材料　3 颗包扣，3 个胸针珠针，1 颗磁吸扣，万能胶，黑色、灰色绣线

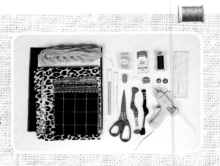

1. 前、后片的制作

1 要用多种花纹的毛织布。将 3 种花纹布做竖排拼接，7 小块布块横向拼接。如此制作出 2 组。

Tip

拼接的时候要把相同颜色的布块错开。

2 全部都按照风车样子处理缝份。

3 将胶面铺棉放在拼布块的背面，根据大小进行裁剪。

4 翻过来后进行熨烫。

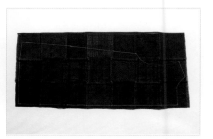

5 在其上画出图案。背面图案待其翻过来后绘制。

Tip 🧵

绘制完成线时，参考第7步。要将左边和右边的花纹布料对齐。

6 留出1cm缝份后进行裁剪。

7 这是裁剪出的前片。

8 后片也用制作前片的方法，将各种布块竖排6个，横排7块进行拼接。

9 在后片背面贴上胶面铺棉后，按图示进行裁剪。同样应与前片布的拼接线条对齐后进行裁剪。

10 这是裁剪出的后片。

11 在拼接好的前片布块下面放上铺棉后呈放射状进行疏缝，对每个布块用绣线进行四角绗缝。

12 后片也用相同方法进行绗缝。

13 用3种绣线在拼布块内侧0.5cm处对四角进行绗缝。

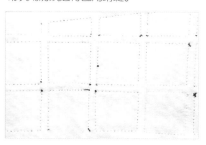

14 然后从铺棉内侧确认绗缝是否完整。

15 根据前片的大小裁剪铺棉。

16 再根据后片大小裁剪铺棉。

2. 里布的制作

17 如图所示裁剪出前片里布。

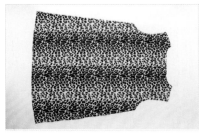

18 将后片里布也裁剪出来。

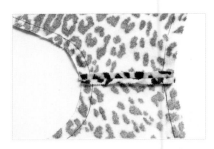

19 里布肩膀的部分用回针缝进行拼接。缝份用平针缝缝合。

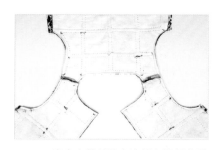

20 表布也用前述方法将肩膀部分进行拼接。裁掉多余的铺棉，将表布与里布的正面相对并对齐。

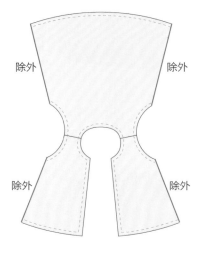

除外   除外

除外   除外

21 除肋下外，全部进行平针缝缝合。

22 将其翻至正面，并用熨斗熨烫。一定要将薄的布料熨烫。

3. 作品完成

23 将肋下前片、后片的铺棉和表布正面相对，并将拼接布的线条对齐后，用珠针进行固定。

24 肋下沿直线用平针缝缝合。

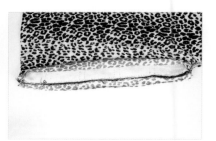

25 将靠近完成线部分的铺棉的缝份剪掉。

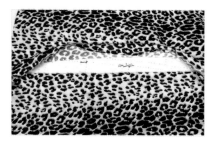

26 将后片的缝份往里铺平。

27 前片的缝份往内折，与后片的缝份重叠后用藏针缝缝合。

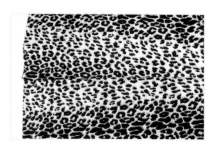

28 一边的肋下部分的拼接就完成了。用相同的方法处理另一边。

29 安装上对齐的磁扣。

30 制作出包扣并涂上万能胶。

31 将其安在马甲上，作品就完成了。

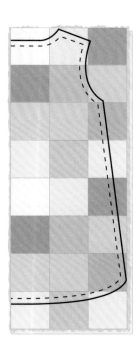

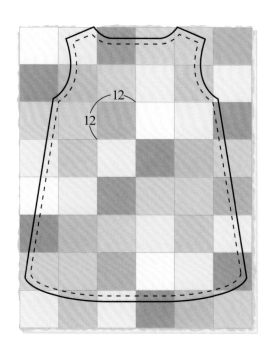

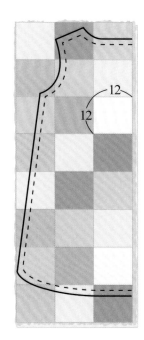

Tip

完成马甲后，从里布方向将马甲四周密密地缝一圈，这样马甲里的铺棉才不会被挤出来。

42
单色围巾

李贞实 制作

43

yo-yo 围巾

安世兰 制作

 **42 单色围巾**

难易度 ★★☆☆☆　　纸型见附录纸型 D

准备材料

布料　8 种黑色系布料，5 种松子用印染布，57g（约 2 盎司）铺棉

主材料　针，绗缝线，疏缝线，珠针，水溶笔，直尺，顶针，剪刀，熨斗

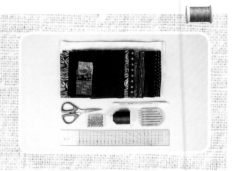

1 将里布和表布的不同尺寸的布块自由摆放后，拼接成长短相同的布条。

2 裁剪出 4cm×4cm 的布块，以备做松子的装饰。

3 将布块横着对折。

4 再如图所示将两端往上折，做出松子的样子。这样做出 10 个松子。

5 用平针缝将松子装饰固定在表布的两端。

6 将铺棉、里布、表布（表布和里布的正面相对）按照顺序叠放。

7 留出返口，用回针缝缝合后将其翻过
来。

8 将返口藏针缝缝合，再沿着外部轮廓
线缝一圈。

9 围巾完成。

43 yo-yo 围巾

难易度 ★☆☆☆☆　纸型略

准备材料

布料　织造布料
主材料　针，绗缝线，疏缝线，珠针，水溶笔，直尺，顶针，剪刀，熨斗

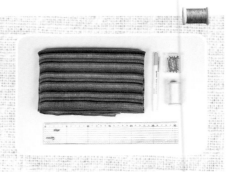

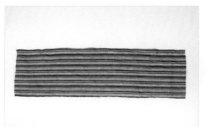

1 准备 2 块 22cm×85cm 的布块。

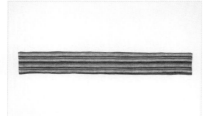

2 将其对折，留出返口后缝纫，再将其翻过来后进行藏针缝。用同样方法做 2 个布块。

3 将 2 个布块用藏针缝拼接后，做出近 170cm 长的围巾。

4 裁剪出 1 个直径为 23cm、2 个直径为 18cm 的圆形布块。

5 平针缝布块的四周后，拉紧线使其缩进去。

6 做出 1 个大的 yo-yo，2 个小的 yo-yo。

7 将 yo-yo 放在围巾上，将其中心缝纫固定，将 yo-yo 距离外部轮廓线 1cm 的内侧进行藏针缝固定在围巾上。

8 准备好 5cm×10cm 的布块，作为固定围巾的布环。

9 布块对折，留出返口进行缝纫，将其翻过来后用藏针缝缝合返口。

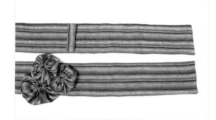

10 将布环放好后，用藏针缝固定。

Tip

因为是作为固定用的布环，所以要如图所示让其稍微松一些。

11 yo-yo 围巾就完成了。

著作权合同登记号：图字16—2011—175

图书在版编目（CIP）数据

最亲切的家居拼布 /（韩）金润敬等著；韩雷译. —郑州：河南科学技术出版社, 2014.11
　　ISBN　978-7-5349-7352-9

　　Ⅰ.①最… Ⅱ.①金… ②韩… Ⅲ.①布料—手工艺品—制作
Ⅳ.①TS973.5

中国版本图书馆CIP数据核字（2014）第231493号

出版发行　河南科学技术出版社
　　　　　地址：郑州市经五路66号　　　邮编：450002
　　　　　电话：（0371）65788633　　65788613
　　　　　网址：www.hnstp.cn
策划编辑：李迎辉
责任编辑：许　静
责任校对：张小玲
美术设计：张　伟
责任印制：张艳芳
印　　刷：北京盛通印刷股份有限公司
经　　销：全国新华书店
幅面尺寸：215 mm×265 mm　　印张：13.5　　字数：266千字
版　　次：2014年11月第1版　　2014年11月第1次印刷
定　　价：68.00元（含光盘）

如发现印、装质量问题，影响阅读，请与出版社联系并调换。